Uwe Treter

Die Baumgrenzen Skandinaviens

Wissenschaftliche Paperbacks
Geographie
Herausgegeben von Gerhard Stäblein
und Hans W. Windhorst

Franz Steiner Verlag Wiesbaden GmbH 1984

Uwe Treter

Die Baumgrenzen Skandinaviens

Ökologische und dendroklimatische Untersuchungen

Franz Steiner Verlag Wiesbaden GmbH 1984

CIP–Kurztitelaufnahme der Deutschen Bibliothek

Treter, Uwe:
Die Baumgrenzen Skandinaviens: ökolog. u. dendroklimat. Unters. / Uwe Treter. – Wiesbaden: Steiner, 1984.
(Wissenschaftliche Paperbacks Geographie)
ISBN 3-515-04144-3
NE: GT

VORWORT DER HERAUSGEBER

Dieser Band und weitere Bände in dieser Reihe wollen Fragestellungen, Arbeitsmethoden und Forschungsergebnisse der Allgemeinen Geographie an regionalen Beispielen darstellen als Einführung in wissenschaftlich und praktisch aktuelle Problemkreise für Studierende und Lehrende der Geographie. An konkreten Beispielen wird die Lücke zwischen systematischem Lehrbuch und speziellem Fachartikel von Kollegen geschlossen, die auf der Grundlage eigener Forschungen an jeweils einem Sektor Grundlagen und Wissensstand aufzeigen. Es sollen unsystematisch breitere und engere Themen angeboten werden aus allen Bereichen der Physiogeographie und der Geoökologie, der Anthropogeographie und der Sozialgeographie, der Regionalanalyse und Regionalplanung, der geographischen Arbeits- und Darstellungsmethodik.

Die Bände versuchen als geographische Fallstudien verständlich und anschaulich einen Zugang zu Fragestellungen und Aussagen der Geographie zu vermitteln. Die Liste mit erklärten Grundbegriffen, Schlüsselbegriffe zum Thema, das kommentierte Literaturverzeichnis und das Register erlauben schnellen Zugriff zum Thema für Seminararbeit, Examensvorbereitungen, Leistungskurse und Lehrvorbereitung.

GERHARD STÄBLEIN, Berlin　　　　HANS-W. WINDHORST, Vechta

INHALTSVERZEICHNIS

VERZEICHNIS DER ABBILDUNGEN

VERZEICHNIS DER TABELLEN

SCHLÜSSELBEGRIFFE ZUM THEMA

Artgrenze bzw. Baumartengrenze (tree-species line) wird gebildet von den äußersten Vorposten einer bestimmten Baumart. Dabei spielt es keine Rolle, ob es sich um Keimlinge, Jungpflanzen, Busch- oder Baumformen handelt. Demzufolge kann die Artgrenze sowohl mit der Baumgrenze als auch mit der Waldgrenze identisch sein. Die Artgrenze bildet die äußerste Begrenzung des Baumgrenzökotons.

Baumgrenze wird gebildet von den äußersten Vorposten von Baumarten mit baumartiger Wuchsform. Im Sinne einer ökologischen Betrachtungsweise stellt die Baumgrenze eine mehr oder weniger breite Übergangszone dar, jenseits der die Lebensbedingungen für Bäume nicht mehr gegeben sind. Die Lage der Baumgrenze hängt von einer Reihe begrenzender Faktoren ab, die durch die Begriffe klimatische BG, orographische BG und anthropogene BG umrissen werden. Unter Berücksichtigung der Klimaverhältnisse sind weiter zu unterscheiden: die alpine (=montane) und polare BG als Wärmemangelgrenze, die kontinentale BG als Feuchtemangelgrenze, die maritime als im wesentlichen windbeeinflußte BG. Unter ausschließlicher Betrachtung der Lage der BG lassen sich die alpine und die polare BG als obere, die maritime und kontinentale als untere BG beschreiben.

Baumgrenzökoton ist der Übergangssaum zwischen dem mehr oder weniger geschlossenen Wald (in Skandinavien Birkenwald) und der baumfreien Tundra bzw. der Höhenstufe der regio alpina (Artgrenze, Baumgrenze, Ökoton).

Baumgrenzfluktuation ist die Veränderung in der Lage und Ausdehnung der Baumgrenze bzw. des Baumgrenzökotons. Sie werden sowohl durch klimatische Einflüsse, etwa im Laufe von Klimaschwankungen, durch zoogene oder anthropogene Einflüsse verursacht. Während die klimatischen Einflüsse sich in ihrer Wirksamkeit über längere Zeit erstrecken und allmähliche Veränderungen nach sich ziehen, führen zoogene oder anthropogene Einflüsse (Kahlfraß oder Holzentnahme) zu meist schlagartigen, in kürzester Zeit ablaufenden Veränderungen.

Dendrochronologie ist die Methode zur absoluten Datierung von (historischen) Ereignissen mit Hilfe von Jahresringen von Hölzern (Baumringchronologie). Hilfswissenschaft für historische Wissenschaften. Darüberhinaus eignen sich die Techniken dieser Wissenschaft auch für naturwissenschaftliche Probleme wie z.B. der Rekonstruktion, Erfassung und Beurteilung von gegenwärtigen und vergangenen Klimaabläufen und ökologischen Verhältnissen (=Dendroklimatologie, Dendroökologie).

Hybridisierung ist die Erzeugung von Mischlingen (Bastarden) durch Kreuzung verschiedener Arten oder Rassen. Bei den Birken im Baumgrenzbereich erfolgt die Bildung von Hybriden sowohl durch die Kreuzung der Baumbirke *Betula pubescens* mit der Zwergbirke *Betula nana* (*B. pubescens* x *B. nana*) als auch durch die Kreuzung der Hybriden untereinander.

Jahresringe: In allen Klimaten mit wechselnden Jahreszeiten (warm-kalt, feucht-trocken) bilden die Bäume während der wachstumsgünstigen Jahreszeit (Vegetationsperiode) jedes Jahr einen Jahresring aus, der deutlich gegen den folgenden abgesetzt ist. Unter günstigen Verhältnissen (warm, feucht) wird ein breiter, unter ungünstigen Verhältnissen (kalt, trocken) wird ein schmaler Jahresring angelegt. Die Folge der Jahresringe (Jahrringsequenz, Jahresringmuster) entspricht in der Regel signifikant den wechselnden Klimaverhältnissen. Die graphische Darstellung der aufeinanderfolgenden Jahresringe ist die Jahresringkurve.

Klimaschwankungen sind kurzfristige periodische oder längeranhaltende Schwankungen als Abweichungen vom allgemeinen, durchschnittlichen Klimacharakter eines Gebietes. Die länger anhaltenden werden auch als säkulare (lat. saeculum = Jahrhundert) Schwankungen bezeichnet. Die letzte säkulare Klimaschwankung, die in den Zeitraum 1900 bis 1960 fällt, erbrachte auf ihrem Höhepunkt zwischen 1930 und 1950 für Skandinavien einen Anstieg der Jahresmitteltemperatur um 1–1.5°C. Seit 1960 ist wieder eine deutliche Temperaturabnahme auf der Nordhemisphäre zu verzeichnen. Im Laufe von Klimaschwankungen ergeben sich neben der Temperatur auch für andere Klimaelemente wie etwa den Niederschlag z.T. beträchtliche Abweichungen vom durchschnittlichen Klimacharakter.

Ökologische Faktoren sind alle am Wuchsort einer Pflanze das Wachstum und die Lebensfunktionen beeinflussenden Faktoren. Das sind im wesentlichen die klimatischen, die topographisch-orographischen (reliefbedingten), die edaphischen (bodenstandortbedingten), die zoogenen (biogenen) und anthropogenen Faktoren, die – bei unterschiedlicher Gewichtung – in Wechselbeziehungen und Wechselwirkungen stehen.

Ökoton ist nach WALTER (1976) die Übergangszone zwischen zwei Pflanzengesellschaften, d.h. das Spannungsfeld, in dem eine Pflanzengesellschaft die andere verdrängt oder ablöst. Das Wettbewerbsgleichgewicht ist in diesem Bereich besonders labil, so daß schon geringe Änderungen der Umweltbedingungen sich stark auswirken und das Gleichgewicht zugunsten der einen oder anderen Gemeinschaft verschieben.

Waldgrenze (forest limit) ist die höchste bzw. am weitesten polwärts gelegene Grenze zusammenhängenden Waldes. Die empirische, vegetative oder biologische WG gibt die Grenze an, bis zu der unter den herrschenden Klimaverhältnissen Waldwuchs möglich ist. Diese Waldgrenze entspricht der physiognomischen WG. Die ökonomische, effektive, rationale oder generative WG stellt die Grenze dar, unterhalb der eine regelmäßig natürliche Verjüngung stattfindet und forstwirtschaftliche Nutzung eine Regeneration nicht gefährdet ist. Die für die Baumgrenze getroffenen Unterscheidungen in alpine, polare, maritime und kontinentale BG gelten auch für die Waldgrenze.

Wuchsformen: Der Wuchshöhe nach sind Strauch-, Busch- und Baumformen zu unterscheiden. Strauch- und Buschformen sind von der Wurzel aus stark verzweigt. Bei den Baumformen, die durch Stamm und Krone gekennzeichnet sind, treten vielstämmige (= polykorme) und einstämmige (= monokorme) Wuchsformen auf, die teils durch genetische Faktoren und teils durch äußere Faktoren zu erklären sind. Von den äußeren Faktoren kommt der Schneebedeckung, der Windwirkung und dem Verbiß durch weidende und nagende Tiere eine besondere Bedeutung zu.

Vegetationsperiode: Die Dauer der Vegetationsperiode einer Pflanzenart wird durch die Temperatur bestimmt, die zur Photosynthese nicht unterschritten werden darf. Für Gräser beispielweise liegt dieser Temperaturgrenzwert bei 3°C für die Tagesmitteltemperatur. Die meisten Pflanzen jedoch benötigen höhere Temperaturen und als Vegetationsperiode wird allgemein die Zeit angesehen, in der die Tagesmitteltemperatur größer als 5° bzw. 6°C ist. An der Baumgrenze in Skandinavien dauert die thermisch definierte Vegetationsperiode 105–110 Tage. Die phänologische Vegetationsperiode ist bei Laubgehölzen wie der Birke durch den Beginn des Laubaustriebs bzw. das Ende durch das Vergilben oder Verfärben des Laubes zu bestimmen.

1. EINFÜHRUNG

Die Baumgrenzen in Skandinavien werden – abgesehen von den östlichen Teilen Nordfinnlands – sowohl in den Gebirgen wie auch an der nördlichen Verbreitungsgrenze des Baumwuchses von der Birke (*Betula pubescens* EHRH.) gebildet. Denn der Boreale Nadelwald, der fast ganz Skandinavien hier mit seinen beiden Hauptholzarten Kiefer (*Pinus silvestris*) und Fichte (*Picea abies*) in seinem Vegetationscharakter bestimmt, wird von einem Birkenwaldgürtel unterschiedlicher Ausdehnung gesäumt.

Außer in Skandinavien wird in vergleichbarer Größenordnung und Bedeutung für den Landschaftscharakter noch auf der Kamtschatka-Halbinsel von Birkenwäldern die Baumgrenze gebildet. Hier ist es die Felsenbikre *Betula ermani*, die zwischen den Mischwäldern der tieferen Lagen und der Mattenregion eine eigene Höhenstufe prägt. Auf Island und Grönland sind es ebenfalls Birken und wie in Skandinavien ist es *Betula pubescens*, die als einzige Baumart auch die Baumgrenze bildet.

Die größte Entwicklung dieser subalpinen, subarktischen und submaritimen Birkenzone ist somit deutlich in Gebieten mit ozeanischen bzw. subozeanischen kalten Klimaten anzutreffen (HÄMET-AHTI 1963). Die Birkenarten scheinen also in besonderer Weise an diese klimatischen Verhältnisse angepaßt zu sein.

Die fennoskandische ,,Birkenzone" stellt nach HUSTICH (1953, 1960, 1966) die subarktische Fortsetzung der nordrussischen Waldtundra (foresttundra) dar. Damit trennt HUSTICH die ,,Birkenzone" von der Borealen Nadelwaldzone als eigenständige Vegetationszone ab. SJÖRS (1963, 1976) bezieht dagegen die ausgedehnten Birkenwälder zusammen mit den Nadelwäldern des nördlichen Skandinaviens in die nördliche Boreale Nadelwaldzone ein (vgl. Abb. 1, Tab. 1), unterscheidet aber für die Höhenstufen der Gebirge eine subalpine Birkenwaldstufe und für die subarktischen Gebiete eine Waldtundrazone, die im wesentlichen den Baumgrenzbereich umfaßt.

Auch nach HÄMET-AHTI (1963) und AHTI, HÄMET-AHTI & JALAS (1968) gehören sowohl die subalpinen wie die subarktischen Birkenwälder einschließlich Baumgrenzbereich zur nördlichen Borealen Nadelwaldzone (vgl. Tab. 1).

Der fennoskandische Birkenwald an der Westseite des eurasiatischen Kontinents repräsentiert also das ozeanische Ende der Borealen Nadelwaldzone, die sonst durchwegs von Nadelhölzern beherrscht wird und in der Nadelbäume – vornehmlich der Gattungen *Picea* (Fichten) und *Larix* (Lärchen) – auch die Verbreitungsgrenze des Baumwuchses markieren (Abb. 2).

Die subalpinen und subarktischen Birkenwälder, von BLÜTHGEN (1960) zusammengefaßt auch als Fjellbirkenwälder und HÄMET-AHTI (1963) als „mountain birch zone" bezeichnet, können nicht nur aus klimatischen

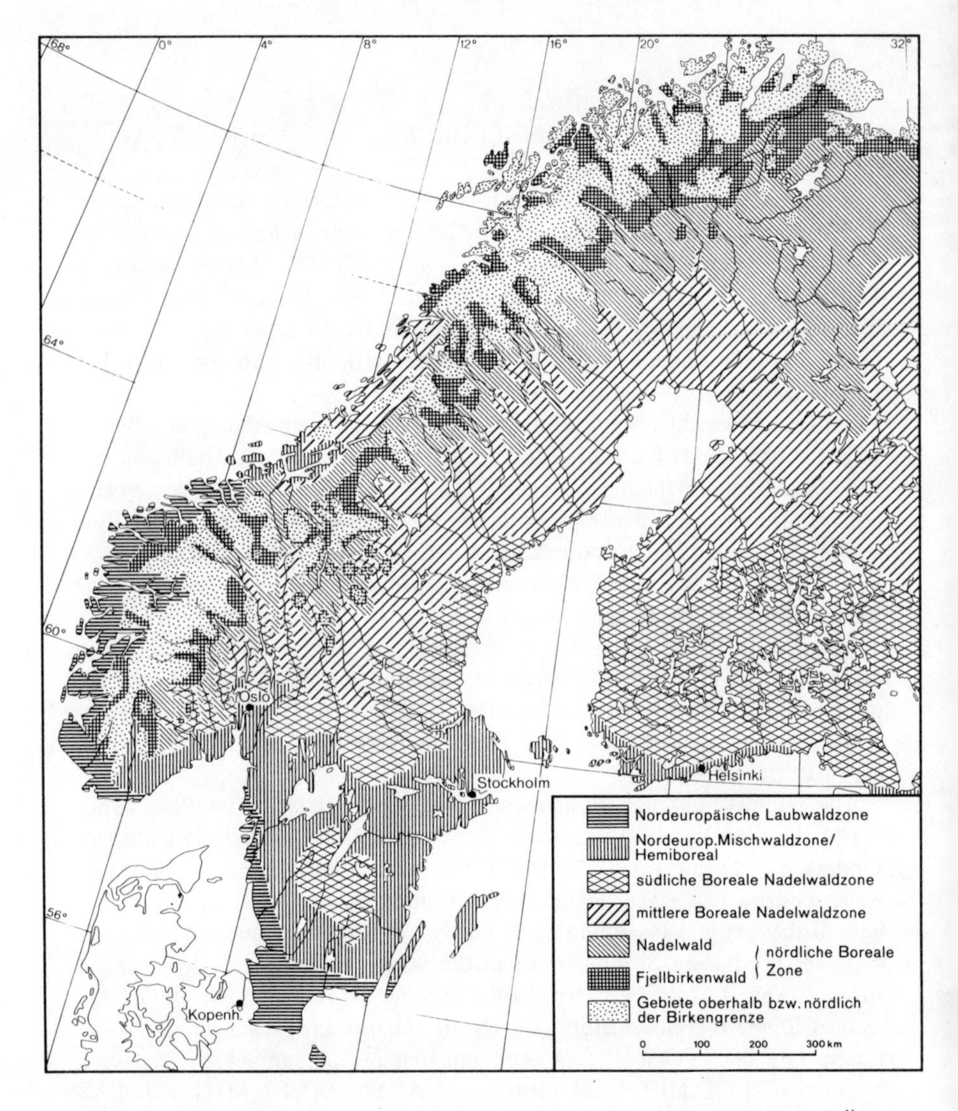

Abb. 1: Die Vegetationszonen Skandinaviens. Vereinfacht und verändert nach SJÖRS 1976, in AHLMANN 1976.

Gründen, sondern auch nach floristischen und phyto-soziologischen Kriterien in die Boreale Nadelwaldzone einbezogen werden. Denn die Unterschiede in der Vegetation zwischen dem durch Nadelhölzer bestimmten borealen Wald und dem Fjellbirkenwald sind trotz der unterschiedlichen Physiognomie, die durch die jeweils dominante Baumart geprägt wird, relativ unbedeutend. So ist die Bodenvegetation der Birkenwälder wie der Nadelwälder in unmittelbar benachbarten Gebieten weitgehend durch gleiche Arten und durch gleiche Dominanzverhältnisse einzelner Arten der Bodenvegetation gekennzeichnet.

Tab. 1: Gliederung der Klima- und Vegetationszonen Skandinaviens nach verschiedenen Autoren

KLIMAZONEN		VEGETATIONSZONEN		
WALTER & LIETH (1967)	TROLL & PAFFEN (1964)	AHTI, HÄMET-AHTI & JALAS 1968	SJÖRS 1963	HUSTICH 1974
IX arktische Zone	I subpol. Tundrenklima			arktische Region
IX (VII) Übergangszone		Orohemiarctic zone	Woodland-tundra subzone or 'Hemi-Arctic' + 'Hemi-Alpine'	subarktische Region
VIII (IX) Übergangszone		Northern boreal zone (+ upper oroboreal)	Subarctic and Boreo-montane subzone + Subalpine Birch Wood-land belt	
VIII boreale Zone	II Boreale Nadelwald- und Schneeklimate			Boreales Nadelwaldgebiet
VIII (VI) Übergangszone		Middle boreal zone (+ middle oroboreal)	Maine Boreal zone	
		Southern boreal zone (+ lower oroboreal)	Southern Boreal subzone	
VI (VIII) Übergangszone	III 4 kontinental winter-kalte, kühlgem. Zone	Hemiboreal zone (+ orohemiboreal)	Boreo-nemoral zone	Nordeuropäische Mischwaldzone
VI nemorale Zone	III 3 Übergangsklima der kühlgemäßigten Zone	Temperate zone	Nemoral zone (Northern nemoral subzone)	Nordeuropäische Laubwaldregion

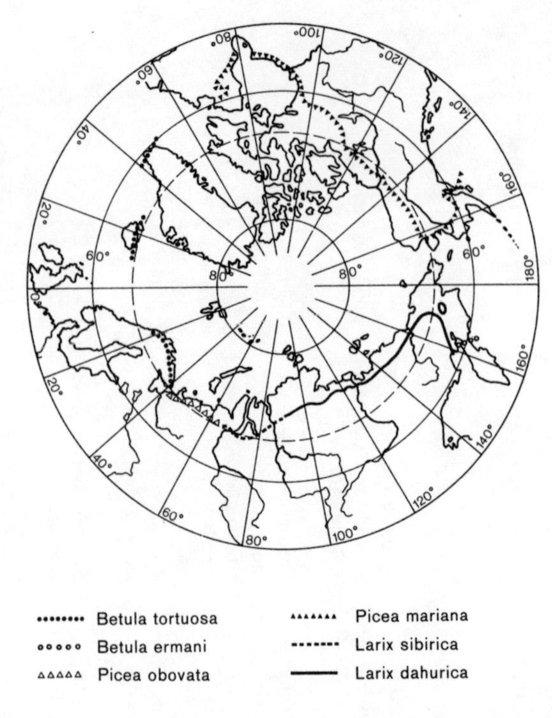

Abb. 2: Verlauf der polaren Waldgrenze auf der Nordhemisphäre, die durch verschiedene Baumarten gebildet wird (nach TICHOMIROW 1962, aus WALTER 1968).

Die Existenz der „Fjellbirkenzone“ in Fennoskandien ist nach HÄMET-AHTI (1963) eindeutig durch den makroklimatischen ozeanischen Einfluß bedingt. Das wird nicht allein durch das Vorkommen von Birkenwäldern an der Baumgrenze auf Kamtschatka, Island und Grönland nahegelegt, sondern in Skandinavien selbst durch die Tatsache, daß von Westen nach Osten, d.h. mit abnehmender Maritimität, auch die Mächtigkeit der Fjellbirkenzone abnimmt.

Während sie in den zentralen und westlichen Gebieten Skandinaviens mehrere hundert Meter mächtig ist, schrumpft sie ostwärts auf 50 m und weniger zusammen. In Nordfinnland ist dieses Auskeilen besonders deutlich an den Tunturis, die sich bis zur Baumgrenze hochgenug aus dem geschlossenen Nadelwald heraus erheben, zu beobachten. Je weiter ostwärts bzw. nordostwärts diese Erhebungen liegen, desto mehr geht die Ausbildung einer Birkenwaldstufe zurück, bis schließlich die Baumgrenze von der Kiefer oder der Fichte gebildet wird, wie auf der Kola-Halbinsel (KIHLMANN 1890).

Die skandinavische Baumgrenze als ozeanisch geprägte Laubholzgrenze steht somit im deutlichen Gegensatz zu den „klassischen“ alpinen Baumgrenzen, die von Nadelhölzern wie der Lärche (*Larix decidua*), Zirbe (*Pinus cembra*) und Fichte (*Picea abies*) gebildet wird und etwa im Alpenraum schon mehrfach Gegenstand pflanzengeographischer, ökophysiologischer und dendroklimatologischer Untersuchungen gewesen ist (HOLTMEIER 1967, BÖHM 1969, TRANQUILINI 1979, ARTMANN 1949, u.a.).

Zur Heraushebung der Sonderstellung der skandinavischen Birkenbaumgrenze seien einige wesentliche Unterschiede kurz skizziert.

Unter allen ökologischen Faktoren, die einen limitierenden Einfluß auf das Wachstum der Bäume an deren Verbreitungsgrenze haben, kommt der Sommertemperatur eine entscheidende Bedeutung zu. Das gilt gleichermaßen für Nadel- wie für Laubbäume. Die Temperaturen der Übergangsjahreszeiten und des Winters spielen dagegen nur für die immergrünen Nadelbäume im Baumgrenzbereich eine entscheidende Rolle, da durch den Prozeß der Frosttrocknis deren Existenz stark gefährdet werden kann. Die winterkahlen Birken sind weit weniger dieser Frostrocknis ausgesetzt, wenngleich auch bei ihnen Fostschäden in geringem Maße vorkommen.

Auch hinsichtlich der Reproduktionsfähigkeit ergeben sich zwischen der Birke und den Nadelhölzern an der Baumgrenze bedeutsame Unterschiede. So benötigt beispielsweise die Kiefer für den mehr als zwei Jahre ablaufenden Reproduktionszyklus eine entsprechende Periode günstiger Sommertemperaturen, wie sie etwa an der polaren Kieferngrenze nur in Jahrzentabständen auftreten. Samenjahre, die keimfähige Samen liefern, sind daher selten. Bei Fichten sind sie, da der Reproduktionszyklus nur ein Jahr dauert, schon häufiger. Die Birke vermag dagegen unter den gleichen Klimaverhältnissen mindestens jedes zweite Jahr Samen zu erzeugen, die zu mindestens 50% auch keimfähig sind. Die generative Fähigkeit der Birke an der Wald- und Baumgrenze liegt damit unvergleichlich höher als bei den Nadelbäumen.

Darüberhinaus stellt die hohe vegetative Fähigkeit der Birke eine höchst effektive Überlebensstrategie dar, den Bestand selbst unter längerfristig ungünstigen generativen Bedingungen an der Baumgrenze zu halten.

Trotz all dieser erfolgreichen Anpassungen ist auch der von der Birke gebildete Baumgrenzbereich wie alle biologischen Grenzen und Grenzsäume ein äußerst labiles Ökosystem, das durch kurz- oder längerfristige Veränderungen ökologischer Faktoren großen und z.T. raumwirksamen Veränderungen unterliegt.

Die Diskussion über die Zuordnung des skandinavischen Birkenwaldes als ozeanisch geprägter Ausläufer der Borealen Nadelwaldzone hat die Sonderstellung Skandinaviens in dieser Zone deutlich gemacht. Der eigene Charakter des nordeuropäischen Teilgebietes des eurosibirischen Borealen Nadelwaldes wird ausschließlich durch den subalpinen und subarktischen Fjellbirkenwald bestimmt und durch die Ausbildung einer Baumgrenze, die von Birken gebildet wird, noch besonders betont.

Vor diesem Hintergrund ergeben sich für die Fallstudien folgende Aufgaben und Ziele:

die ökologischen Verhältnisse an der Birkenbaumgrenze unter Berücksichtigung ihrer regionalen Unterschiede innerhalb des großen Verbreitungsgebietes zu beschreiben und ihre Auswirkungen auf Wachstums- und

Regenerationsprozesse sowie die Physiognomie und Lage der Baumgrenze zu analysieren,
- die Methoden und Forschungsansätze darzustellen, mit denen diese Zusammenhänge und Beziehungen erklärt und deutlich gemacht werden können,
- den Baumgrenzbereich als Ökosystem im Übergangsbereich zwischen Wald und Tundra zu kennzeichnen, das zeitlichen und räumlichen Veränderungen unterworfen ist.

2. WALD- UND BAUMGRENZEN: BEGRIFFE UND DEFINITIONEN

Die große Vielfalt in den Erscheinungsformen, der Verbreitung und der Lage der Wald- und Baumgrenzen hat zu einer Vielzahl von Begriffen geführt, die sich teils auf den scheinbar wesentlichen Faktor beziehen (klimatische, orographische, anthropogene Wald- bzw. Baumgrenze) teils nur auf die Lage (obere und untere Wald- bzw. Baumgrenze) oder sowohl Ursache als auch Lage umfassen (alpine, polare, maritime und kontinentale Wald- bzw. Baumgrenze) (HOLTMEIER 1974:5).

Für einen sachgerechten Umgang erscheint es daher im Rahmen dieser Fallstudie sinnvoll, diese allgemeinen Begriffe zusammenfassend darzustellen und der speziellen Betrachtung der skandinavischen Birkenbaumgrenze voranzustellen.

Die alpine, polare, maritime und kontinentale Wald- und Baumgrenze sind klimatischer Natur. Für die alpine und polare Grenze ist der Wärmemangel begrenzender Faktor. Die maritime Waldgrenze wird durch die unmittelbare Meeresnähe bedingt und ist eine untere Waldgrenze wie auch die kontinentale, die im niederschlagsarmen Gebieten durch Trockenheit verursacht wird.

Die alpine Wald- und Baumgrenze ist eine obere Höhengrenze, die durch die Abnahme der Temperatur mit zunehmender Höhe bestimmt wird, während die polare Wald- und Baumgrenze durch die Temperaturabnahme mit zunehmender geographischer Breite verursacht wird und somit eine horizontale Grenze darstellt.

Auf der Nordhemisphäre wird die Linie, die die nördlichsten Vorposten im Wald-Tundra-Übergangsbereich (forest tundra ecoton) verbindet, allgemein als polare Baumgrenze bezeichnet.

In Skandinavien jedoch fällt es schwer, die nördlichste Verbreitungsgrenze des Baumwuchses als polare bzw. subarktische Baumgrenze zu bezeichnen. Denn die Reliefverhältnisse der durchwegs 200–300 m hochgelegenen Rumpfflächenlandschaften des skandinavischen Nordens sind dergestalt, daß die Baumgrenze als eine Höhengrenze angesehen werden muß, bei der allerdings der subarktische Klimaeinfluß in ihrer geringen Höhenlage zum Ausdruck kommt.

So wie es für die nördliche Verbreitungsgrenze des Baumwuchses üblich geworden ist, sie – wenn auch nicht immer korrekt – als polare oder subarktische Grenze zu bezeichnen, so ist es in der geographischen und geobotanischen Literatur weitverbreitet, die obere (klimatische) Höhengrenze allgemein als alpine Wald- bzw. Baumgrenze zu bezeichnen. Nach HOLTMEIER (1974:6) sollte der Begriff alpine Waldgrenze auf den alpinen Raum beschränkt bleiben, da sich mit dem Terminus „alpin" bestimmte Vorstellungen hinsichtlich Relief und Klima verbinden, die einer allgemeinen Verwendung entgegenstehen. So fehlen z.B. auf den norwegisch-schwedischen Fjellen und den finnischen Tunturis, auf denen eine Höhengrenze ausgebildet ist, die die eigentliche alpine Waldgrenze in typischer Weise direkt und indirekt prägenden Einflüsse des Hochgebirgsreliefs, ganz abgesehen von den durchaus verschiedenen klimatischen Verhältnissen.

Es gibt zahlreiche Bemühungen, die Wald- und Baumgrenzen unter Zugrundelegung bestimmter Kriterien exakt zu definieren, und so zahlreich wie diese Versuche sind, so unterschiedlich sind diese Definitionen. Denn die Schwierigkeiten beginnen bereits bei den Fragen: „Was ist ein Baum, was ist ein Wald?".

2.1. DIE WALDGRENZE

Waldgrenze kann definiert werden als die höchste bzw. am weitesten polwärts gelegene Grenze zusammenhängenden Waldes (AAS 1969, u.a.). Doch was ist Wald und welche Kriterien werden für seine Definition zugrundegelegt? Nach NORDHAGEN (1943:19) ist Birkenwald eine Ansammlung von mehr als mannshohen Birken, deren Wuchsform keine Rolle spielt, die nicht weiter auseinander stehen, um physiognomisch den Eindruck von einem Wald zu vermitteln und wo die Bäume ökologisch die Bodenvegetation durch Schatten und Laubstreu beeinflussen. Nach MORK & HEIBERG (1937) ist die Waldgrenze dort zu ziehen, wo die Entfernung zwischen den einzelnen Bäumen nicht größer als 25 m ist.

Da hinsichtlich der Gruppengröße, d.h. der Anzahl der Bäume, der Distanz zwischen den Bäumen und dem Deckungsgrad der Kronen recht uneinheitliche Vorstellungen bestehen, ist es mit HUSTICH (1979:211) unter Umgehung aller Definitionen sinnvoller, als Wald zu bezeichnen, was physiognomisch und unter Berücksichtigung der standörtlichen und landschaftlichen Gegebenheiten als Wald angesehen wird. Damit wird zwar eine stark subjektive Beurteilung in Kauf genommen, aber eine durchgängige Übereinstimmung mit irgendwelchen fixierten Definitionskriterien wäre z.B. gerade in den subarktischen Wald-Tundra-Regionen kaum zu erreichen und würde in vielen Fällen eigentlich Gleiches von Gleichem trennen.

Neben der physiognomischen als der oberen oder polaren Waldgrenze wird je nach Betrachtungsweise eine Anzahl weiterer Waldgrenzbegriffe verwendet, die häufig synonym gebraucht werden und hier der Vollständigkeit wegen zusammengefaßt aufgeführt werden sollen (vgl. Abb. 3).

Die physiognomische Waldgrenze (physiognomic forest-line) von HUSTICH (1979:211) entspricht der empirischen Waldgrenze von SERNANDER (1900) und der vegetativen Waldgrenze von KIHLMANN (1890). Gelegentlich wird insbesondere im Bereich der nördlichen Waldgrenze auch von der „timber-line" (sensu HARE & RITCHIE 1972) gesprochen. Jedoch ist dieser Begriff nicht eindeutig, da nach WARDLE (1965:113) „timber-line" die oberste bzw. nördlichste Grenze von großen, aufrechten Bäumen markiert und synonym für Baumgrenze (tree-line) oder gar Artgrenze (tree species-line) verwendet werden kann.

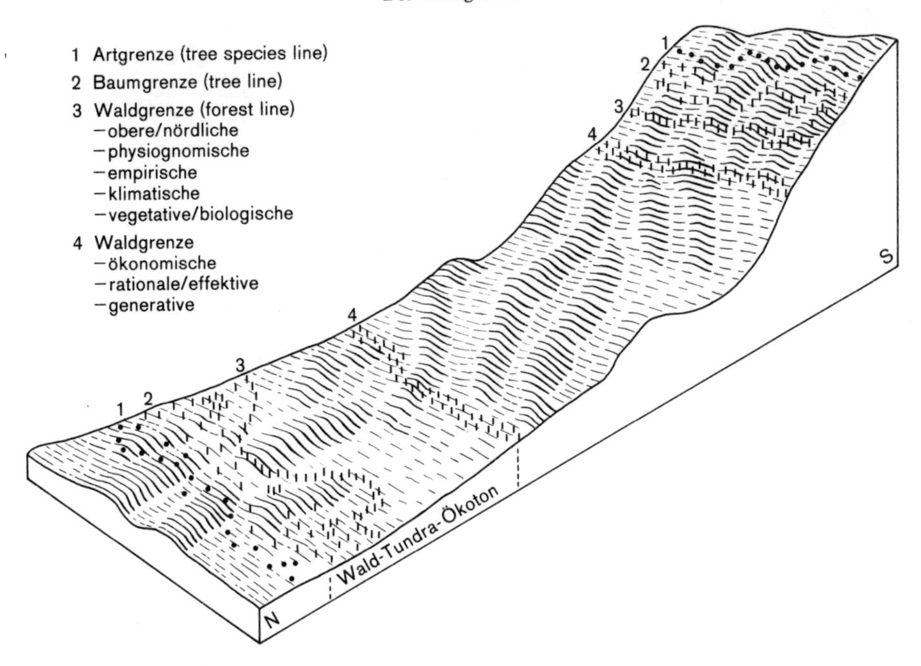

Abb. 3: Schema der vertikalen und horizontalen Anordnung der Wald-, Baum- und Artgrenze in Skandinavien.

Die empirische bzw. vegetative wird auch als biologische Waldgrenze (HUSTICH 1953:150) bezeichnet und macht damit deutlich, daß bis zu dieser Grenze unter natürlichen Bedingungen Waldwuchs möglich ist (vgl. BLÜTHGEN 1960). Nach AAS (1969) und TENGWALL (1920) sind diese Begriffe nahezu identisch mit der oberen und klimatischen Waldgrenze.

Die ökonomische bzw. effektive Waldgrenze (HUSTICH 1953, 1979) entspricht der rationalen (SERNANDER 1900) und der generativen (KIHLMANN 1890). Sie stellt die Grenze dar, oberhalb derer bei wirtschaftlicher Nutzung der natürliche Waldbestand gefährdet ist. Die Begriffe rationale und generative Waldgrenze bringen zum Ausdruck, daß hier die Grenze liegt, bis zu der regelmäßig eine natürliche Reproduktion durch reife Samen stattfindet. Bis zur physiognomischen Waldgrenze – und darüber hinaus bis zur Baumgrenze – können die aus diesen Samen entstandenen Bäume lediglich wachsen, sich aber nicht reproduzieren. Diese zweite Kategorie von Waldgrenze ist in erster Linie für den Nadelwald, nicht jedoch für den Birkenwald von Bedeutung. Denn Birken bringen im Gegensatz etwa zu Kiefern auch an der Baumgrenze regelmäßig reife und keimungsfähige Samen hervor.

Die historische Waldgrenze markiert die Position der größten Waldausdehnung zu früheren Zeiten, z.B. für die Kiefer zur Zeit der postglazialen Wärmezeit im Boreal, etwa 8000B.P. Sie ist nur gelegentlich an wenigen Stellen unmittelbar noch heute erkennbar wie etwa im Dovrefjell/Norwegen, wo unter organischen Sedimenten konservierte Kiefernstubben durch erosive Freilegung zutage treten und mit Hilfe der 14C-Methode datierbar sind (HAFSTEN 1981).

2.2. DIE BAUMGRENZE

Ganz allgemein kann die Baumgrenze als die Verbindungslinie der höchsten (im Gebirge) oder polwärts am weitesten vorgeschobenen Vorkommen von Bäumen definiert werden. Zur Definition dessen, was ein Baum ist, wird in den meisten Baumgrenzdefinitionen das Kriterium der Baumhöhe zugrundegelegt. Für die skandinavische Birkenbaumgrenze ist nach RESVOLL-HOLMSEN (1928) die Baumgrenze die Verbindungslinie der höchsten Vorkommen von vorwiegend aufrechten, einstämmigen, mehr als mannshohen Bäumen. Nach MORK & HEIBERG (1937) wird die Baumgrenze markiert durch das oberste Vorkommen von Bäumen, die nicht kleiner als 2,5 m sind. Kleinere Individuen werden als Busch – unabhängig von ihrer Wuchsform – bezeichnet.

Von HÄMET-AHTI (1963) und KALLIO & LEHTONEN 1973) wird dagegen schon eine nur 2 m hohe einstämmige Birke als Baum angesehen, mit den für einen Baum charakteristischen Merkmalen wie Stamm und Krone.

Neben dem Kriterium der absoluten Baumhöhe läßt sich auch die relative Höhe bezogen auf den Standortfaktor Mächtigkeit der Schneedecke zur Definition heranziehen. Als Baum wird demnach bezeichnet, was mit dem Stammschaft die durchschnittliche Schneedecke überragt. In schneearmen Gebieten würde somit die Baumgrenze von Bäumen von vielleicht 60–100 cm Höhe gebildet, in schneereichen Landschaften müßten diese schon 150 cm und mehr hoch sein. Die Beibehaltung eines bestimmten Wertes, wie er unter Berücksichtigung der alpinen Nadelholz-Baumgrenzen etwa von ELLENBERG (1963) und HERMES (1955) gar mit 5 m angegeben wird, erscheint daher wenig sinnvoll.

Die Festlegung auf eine bestimmte Baumhöhe als entscheidendes Kriterium sollte von geringerer Bedeutung sein bei der Bestimmung der Baumgrenze, als die Berücksichtigung der ökologischen Gesamtsituation am Wuchsstandort.

Ist schon aus diesen Gründen eine allgemeine zufriedenstellende Definition nicht möglich, so wird sie für die Situation an der Birkenbaumgrenze noch zusätzlich erschwert durch die verschiedenen Wuchsformen der Birke (vgl. Kap. 3.5.).

2.3. DIE ARTGRENZE

Einfacher zu definieren als die Baumgrenze ist die Baumartengrenze oder kurz die Artgrenze (tree-species line). Diese Grenze wird gebildet von den äußersten Vorposten einer bestimmten Baumart in einem Gebiet. Dabei spielt es keine Rolle, ob es sich um Keimlinge, Jungpflanzen, Buschformen oder gar um Bäume handelt. Schwierigkeiten bei der Erfassung und Festlegung dieser Artgrenze ergeben sich nicht nur aus der Tatsache, daß diese Vorposten sehr weit voneinander stehen können, sondern bei den Birken auch daraus, daß sie nicht nur als reine Art, sondern auch als Hybriden verschiedenen Grades vorkommen (vgl. Kap. 3.6).

2.4. DER BAUMGRENZÖKOTON

Aus ökologischer Sicht und im Sinne einer systemanalytischen Betrachtungsweise interessiert weniger die nach irgendeiner Definition festzulegende Baumgrenzlinie, sondern vielmehr der Übergangsbereich vom mehr oder weniger geschlossenen Baumbestand bis hin zum letzten Vorposten der vorkommenden Baumarten und die Frage nach den Ursachen der Auflösung der Bestandsdichte.

Dieser Übergangsbereich kann in Anlehnung an WALTER (1976) und mit KULLMAN (1980) auch als Baumgrenzökoton bezeichnet werden. Ein Ökoton ist das Spannungsfeld zwischen zwei Pflanzengesellschaften, in dem eine Pflanzengesellschaft die andere verdrängt oder ablöst. Das Wettbewerbsgleichgewicht ist in einem solchen Übergangsbereich besonders labil, so daß schon geringe Änderungen der Umweltbedingungen sich stark auswirken und das Gleichgewicht zugunsten der einen oder anderen Pflanzengesellschaft verschieben (WALTER 1976).

Der Baumgrenzökoton stellt das ökologische Spannungsfeld dar, in dem die Pflanzenformation des Birkenwaldes von der der baumfreien Tundra bzw. der baumfreien Zwergstrauch-Höhenstufe abgelöst wird. Die Obergrenze des Baumgrenzökotons wird durch das Vorkommen der Baumart *Betula pubescens* markiert, gleichgültig in welcher Wuchsform, und kann daher durchaus identisch mit der Artgrenze sein. Die Baumgrenze im Sinne einer Definition mit dem Kriterium einer bestimmten Baumhöhe oder Wuchsform verläuft irgendwo innerhalb des Baumgrenzökotons. Die Untergrenze des Baumgrenzökotons ist mit der Waldgrenze gleich zu setzen.

Der Baumgrenzökoton ist in Skandinavien durchwegs nur von geringer vertikaler Mächtigkeit und erreicht nach NORDHAGEN (1928) im Sylene-Gebirge (Jämtland/Mittelschweden) etwa 15 m, nach TENGWALL (1920) in Schwedisch-Lappland und nach VE (1930, 1940) in verschiedenen Gebieten Norwegens durchschnittlich 25 m, wenngleich in manchen Gebieten Jämtlands und Härjedalens (Mittelschweden) nach KULLMAN (1979) auch bis zu 100 m erreicht werden können.

Auch in den Rumpfflächenlandschaften z.B. Nordfinnlands erstreckt sich der Baumgrenzökoton nur über 20–30 m, wobei die Horizontaldistanz bei der Flachheit des Reliefs mehrere 100 m betragen kann und eine größere Vertikalerstreckung vortäuscht.

Aufgrund dieser relativ geringen Mächtigkeit, vor allem aber aus ökologischen Gründen wird in dieser Fallstudie der Begriff Baumgrenze nicht als Grenzlinie auf der Grundlage einer Baumgrenzdefinition mit den Kriterien von Baumhöhe und Wuchsform, sondern im Sinne von Baumgrenzökoton verstanden und verwendet.

3. FJELLBIRKENWALD UND BAUMGRENZÖKOTON

Jeder Reisende, der etwa in Norwegen aus den engen und steilwandigen Trogtälern zu den weiten Fjellregionen aufsteigt, wird beeindruckt sein von dem eigenartigen Reiz, die der Birkenwald dieser Landschaft verleiht. Und besonders im Norden Skandinaviens, in Finnisch-Lappland oder auf der Finnmarksvidda, wo – so weit das Auge reicht – das flachkuppige Rumpfflächenrelief überzogen wird von einem lichten, im Herbst goldfarbenen Birkenwald, wird klar, was BLÜTHGEN (1960) veranlaßte, diesen Fjellbirkenwald als Landschaftsformation zu bezeichnen.

Insbesondere im Baumgrenzbereich wirkt diese von Birken geprägte Landschaft anziehend auf den Menschen durch ihr zumeist offenes, parklandschaftsähnliches Erscheinungsbild mit kleinen, nur 2–4 m hohen vielstämmig-buschförmigen oder einstämmig-obstbaumförmigen Einzelbäumen oder Baumgruppen.

Doch nicht alle Baumgrenzbereiche sind licht und offen. An manchen Talflanken und Gebirgshängen gleichen die Birkenwälder noch an der Baumgrenze undurchdringlichen Dickichten ineinander verschlungener vielstämmiger Baumgruppen.

Charakter und Physiognomie der Fjellbirkenlandschaft an der Baumgrenze, im wesentlichen durch die Bestandsdichte, Wuchshöhe und Wuchsform der Birken bestimmt, sind innerhalb des großen Verbreitungsgebietes zwischen Südwestnorwegen und der Kola-Halbinsel so vielfältig, daß eine umfassende ökologische Kennzeichnung kaum möglich erscheint. Diese Vielfalt ist im wesentlichen auf die differenzierten klimatischen Verhältnisse zurückzuführen.

3.1. DAS KLIMA SKANDINAVIENS

Drei Faktorenkomplexe haben entscheidenden Einfluß auf das Klima Skandinaviens:

- Die Lage nördlich des 50. Breitengrades. Das bedeutet, daß die jährliche Strahlungsbilanz negativ ist. Durch die große Süd-Nord-Erstreckung zwischen 54° und 71° nördl. Breite sind die Tageslängen zwischen Süden und Norden sehr unterschiedlich. Im Süden variiert die Tageslänge beträchtlich zwischen Sommer und Winter, im Norden beherrscht der Wechsel von Polartag und Polarnacht das Beleuchtungsklima und den Temperaturgang (JOHANNESSON 1970:27).
- Die lange Küstenexposition zum Atlantik und Nordatlantik und damit große Wirksamkeit des Golfstrom-Einflusses und des Meeres überhaupt.

Die dadurch verursachte positive Temperaturanomalie macht das Klima auch im Landesinneren trotz der hohen Breitenlage vergleichsweise mild.
– Das skandinavische Gebirge, die Skanden, und deren asymmetrische Lage mit der größeren Nähe der bis über 2000 m höchsten Erhebungen zur Westküste. Große Fjorde gliedern dieses küstennahe Gebirge und greifen wie z.B. der Sognefjord bis zu 150 km tief ins Landesinnere hinein. Östlich der hohen Gebirkskette befinden sich landeinwärts in Südnorwegen 1000–1300 m hochgelegene Gebirgshochflächen, im Norden bestimmen im Bereich des baltischen Schildes ausgedehnte Rumpfflächen zwischen 300–500 m Höhe das Relief.

Aus der Kombinationswirkung dieser Faktorenkomplexe resultiert im wesentlichen der Gegensatz zwischen ausgesprochen maritimen und relativ kontinentalen Klimaten auf vergleichsweise kurzen Distanzen.

Durch die Längserstreckung der Skanden und die unterschiedlichen Höhen der Gebirge wird dieser Gegensatz gebietsweise verstärkt oder abgeschwächt: verstärkt etwa im Bereich des Gebirges von Jotunheimen, gemildert im Einsattelungsbereich im Gebiet des Passes von Storlien östlich des Trondheimfjordes, der sog. Jämtland-Senke.

Nach den Kriterien der Maritimität bzw. der Kontinentalität kann Skandinavien in drei Klimaregionen untergliedert werden: eine maritime, eine maritim-kontinentale und eine kontinentale Klimaregion, die sich in ihrer Lage an der Längserstreckung der Skanden orientieren.

In Anlehnung an das Gliederungskonzept von AHTI, HÄMET-AHTI & JALAS (1968) für die Klima- und Vegetationszonen Skandinaviens werden den horizontalen (= zonalen) Einheiten entsprechende Höhenstufen zugeordnet (Abb. 4).

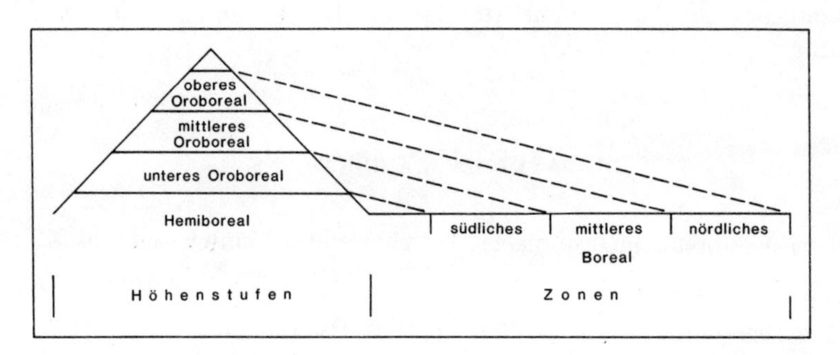

Abb. 4: Horizontale und vertikale Gliederung der Borealzone in Skandinavien (nach AHTI, HÄMET-AHTI & JALAS 1968).

Es darf bei dieser Konzeption, in der Pflanzengesellschaften aus südlichen, aber höher gelegenen Gebieten solchen aus nördlichen, aber tiefer gelegenen Gebieten gleichgestellt werden (Gesetz der relativen Standortskonstanz), jedoch nicht übersehen werden, daß aufgrund unterschiedlicher Breitenlage erhebliche ökologische Unterschiede bestehen, für die nur die unterschiedliche Tageslänge mit all ihren ökologischen Implikationen beispielsweise genannt sein soll.

3.2. DAS KLIMA IM BAUMGRENZÖKOTON

Das Klima im Baumgrenzökoton hinreichend zu kennzeichnen, stößt auf erhebliche Schwierigkeiten, da es nur wenige Klimastationen gibt, die in der Höhe oder wenigstens in der Nähe der jeweiligen Baumgrenze liegen, von denen aus das Baumgrenzklima durch Reduktion und Interpolation näherungsweise gekennzeichnet werden kann.

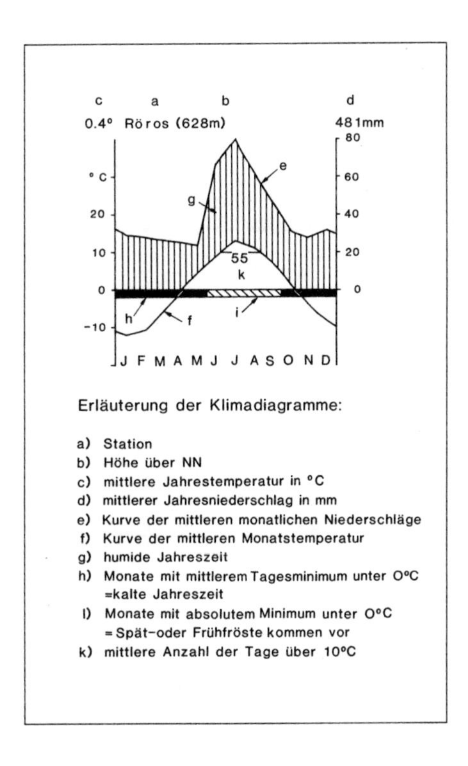

Abb. 5: Klimadiagramm mit Erläuterungen der Station Röros in der maritim-kontinentalen Übergangsregion.

Mit den Abbildungen 5 und 6 kann mit den Klimadiagrammen ausgewählter Stationen die Vielfalt der Klimaverhältnisse im Baumgrenzbereich näherungsweise deutlich gemacht werden. In der Reihenfolge von Süden nach Norden repräsentieren die Stationen Dagali und Storlien die maritime Klimaregion, die Stationen Sikkilsdalsseter, Dombås, Abisko (Abb. 6) und Röros (Abb. 5) die maritim-kontinentale Übergangsregion, die Stationen Karasjok,

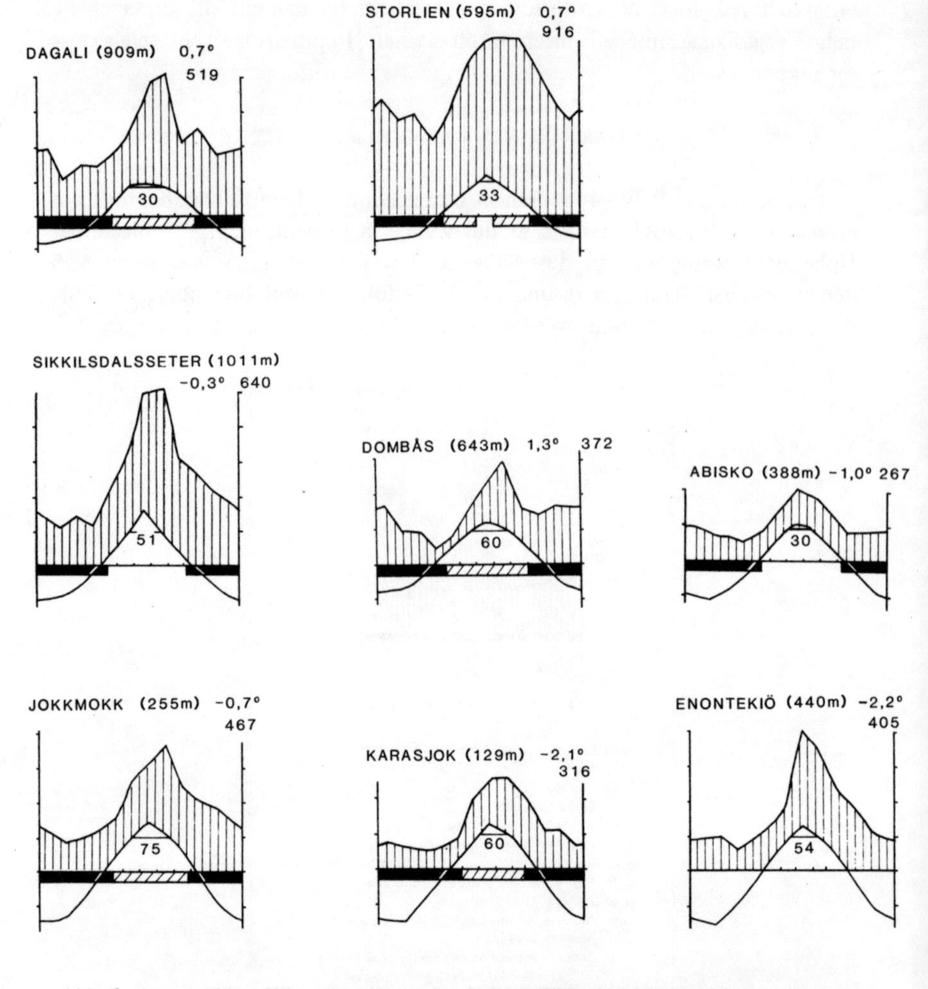

Abb. 6: Ausgewählte Klimadiagramme (nach WALTER & LIETH 1967) baumgrenznaher Klimastationen der maritimen (erste Reihe), der maritim-kontinentalen (zweite Reihe) und der kontinentalen Klimaregion (dritte Reihe) Skandinaviens. (Erläuterung der Diagramme s. Abb. 5).

Enontekiö und Jokkmokk die kontinentale Klimaregion. Die Stationen Dagali und Storlien liegen relativ nahe, die übrigen Stationen weiter unterhalb der regionalen Baumgrenze.

Die Temperatur, die noch vergleichsweise zuverlässig unter der Annahme bestimmter Temperaturgradienten geschätzt werden kann, beträgt bei regionalem Betrachtungsmaßstab an den Baumgrenzen zwischen 10–12°C für den wärmsten Monat des Sommers, das ist in der Regel der Juli. Dabei sind die unter kontinentalem Klimaeinfluß stehenden Gebiete etwa Nordfinnlands oder Südostnorwegens durch Juli-Temperaturen ausgezeichnet, die abweichend vom langjährigen Mittel in einzelnen Jahren auch 15–17°C erreichen können. In den maritimen Klimagebieten liegen selbst solche Ausnahmetemperaturen stets einige Grade niedriger. Die Anzahl der Tage mit Temperaturen von mehr als 10°C läßt sich auf durchschnittlich etwas mehr als 30 Tage bestimmen.

Für Niederschlags- und Schneeverhältnisse im Baumgrenzökoton sind zumeist nur tendenzielle grobe Schätzungen möglich. Die Reduktion von Niederschlagswerten, die in tieferer Lage gemessen wurden, auf die Höhe der Baumgrenze ist mit erheblichen Fehlern behaftet, da die Niederschlagsverteilung und Niederschlagsmenge nicht so strengen Gesetzen folgt wie die Temperaturabnahme mit der Höhe. Lediglich für die Schneemächtigkeit sind für die Baumgrenzstandorte im einzelnen recht zuverlässige Angaben zu machen, in dem man sich der Rindenflechte *Parmelia olivacea* als Indikator bedient (vgl. Kap. 4.5.1.). Die Dauer der Schneebedeckung ist nur als relativer Wert näherungsweise aus der Bodenvegetation zu schließen.

Alles in allem ist die Kennzeichnung der Baumgrenzklimate insbesondere hinsichtlich einer standörtlichen Differenzierung aufgrund der spärlichen Klimadaten nur für wenige Standorte in ausreichender Weise gegeben, so daß sich von daher eine nur exemplarische Untersuchung der ökologischen Verhältnisse des Baumgrenzökotons ergibt, aus denen dann allgemeine Schlußfolgerungen abgeleitet werden können (vgl. Kap. 4.2.).

3.3. DIE REGIONALE DIFFERENZIERUNG DES BAUMGRENZÖKOTONS

Die weite ökologische Amplitude, die die Baumgrenzbereiche vor allem unter dem Einfluß des Klimas auszeichnet, tritt auch in der Differenzierung der Vegetationstypen nach floristischen und phytosoziologischen Kriterien der Bodenvegetation in Erscheinung. BLÜTHGEN (1960) und HÄMET-AHTI (1963) haben eine solche Gliederung der wichtigsten Vegetationstypen des skandinavischen Fjellbirkenwaldes durchgeführt, die auch für die Baumgrenzbereiche Gültigkeit hat.

Zur floristischen und phytosoziologischen Vielfalt trägt neben den orographischen, edaphischen und klimatischen Faktoren die Tatsache bei, daß sowohl alpike wie silvike Arten beteiligt sind, also Arten, die jeweils über die alpine bzw. silvine Höhenstufe herab- bzw. hinaufreichen und sich in der „regio betulina", der Birkenwaldzone verzahnen. Der Baumgrenzökoton stellt in besonderem Maße den Überlappungsbereich beider Floren dar (BLÜTHGEN 1960:127).

In den ozeanisch geprägten Gebieten herrscht eine kraut- und grasreiche Bodenvegetation vor. Für den Südwesten und Westen sind undurchdringliche einmeterhohe *Salix*-Gebüsche, denen stets *Juniperus communis* beigesellt ist, für sehr feuchte Standorte charakteristisch. Bei längerer Schneebedeckung bestimmt *Vaccinium myrtillus* und ausgesprochen ozeanische Florenelemente wie *Cornus suecica* und *Deschampsia flexuosa* (NORDHAGEN 1928) die

Bodenvegetation. Die nördlichen maritimen Gebiete sind gekennzeichnet durch ähnliche Pflanzengesellschaften, jedoch ist in einem veränderten Artenspektrum der subpolare Einfluß erkennbar.

In den kontinentalen Regionen dominieren Zwergstrauch- und Flechtenheiden und machen dadurch den Übergangscharakter des Baumgrenzökotons zu den alpinen Höhenstufen bzw. zur Tundra besonders deutlich. An Zwergsträuchern sind je nach Schneebedeckung *Betula nana, Vaccinium*-Arten, *Arctostaphylos alpina, A. uva-ursi, Loiseleuria procumbens* u.a. verbreitet. Je nach den Feuchte- und Schneeverhältnissen sind insbesondere Flechten – zumeist *Cladonia*-Arten – aspektbestimmend.

3.4. VERBREITUNG UND HÖHENLAGEN DER BIRKENBAUMGRENZE

Um eine erste Übersicht über die Verbreitung und Höhenlage der Birkenbaumgrenze in Skandinavien zu gewinnen, werden alle verfügbaren Höhenangaben zur Birkengrenze in eine Karte eingetragen. Durch die Verbindung gleicher Höhen durch Isolinien entsteht eine Isohypsenkarte der Birkenbaumgrenze.

Die Abb. 7 stellt die Isohypsenkarte der Birkenwaldgrenze nach AAS (1964) dar. Es wurde die Waldgrenze zur Darstellung gewählt, da für sie die Abgrenzungskriterien weniger kontrovers sind und demzufolge die aus verschiedenen Literaturquellen zusammengetragenen Höhenangaben als noch untereinander vergleichbar vorausgesetzt werden können.

Im Sinne des hier verwendeten Begriffs der Baumgrenze als Baumgrenzökoton gibt die Waldgrenze die untere Begrenzung des Baumgrenzökotons an.

Da bei einer solchen Isohypsen-Darstellung auf der Grundlage zahlreicher Einzelangaben zwangsläufig stark generalisiert werden muß, ist diese Isohypsenkarte kaum geeignet, die tatsächliche Waldgrenze eines bestimmten Ortes daraus zu entnehmen. Es wird vielmehr nur die allgemeine Tendenz der Höhenlage charakterisiert. Die Isohypsenkarte bietet die Möglichkeit, Zusammenhänge zwischen der Konfiguration der Isohypsen und den Einflußgrößen wie Klima und Relief zu erkennen.

Auf den ersten Blick fallen folgende formale Merkmale dieser Isohypsen-Darstellung auf:

- die weitgehend parallele Anordnung der Isohypsen zum Küstenverlauf und zur Scheitellinie der höchsten Erhebungen der Skanden,
- das generelle Absinken der Waldgrenze von Süden nach Norden, das anhand eines meridionalen Profils (nach NORDHAGEN 1943) in der Abb. 8 noch verdeutlicht werden kann,
- die dem Großrelief folgende dichtere Scharung der Waldgrenzisohypsen auf der Westseite der Skanden, die im deutlichen Gegensatz zur breiteren Anordnung auf der Ostabdachung steht,
- eine Trennung in eine südliche und eine nördliche Teilregion durch die orographische Einschnürung der Skanden im Paß von Storlien.

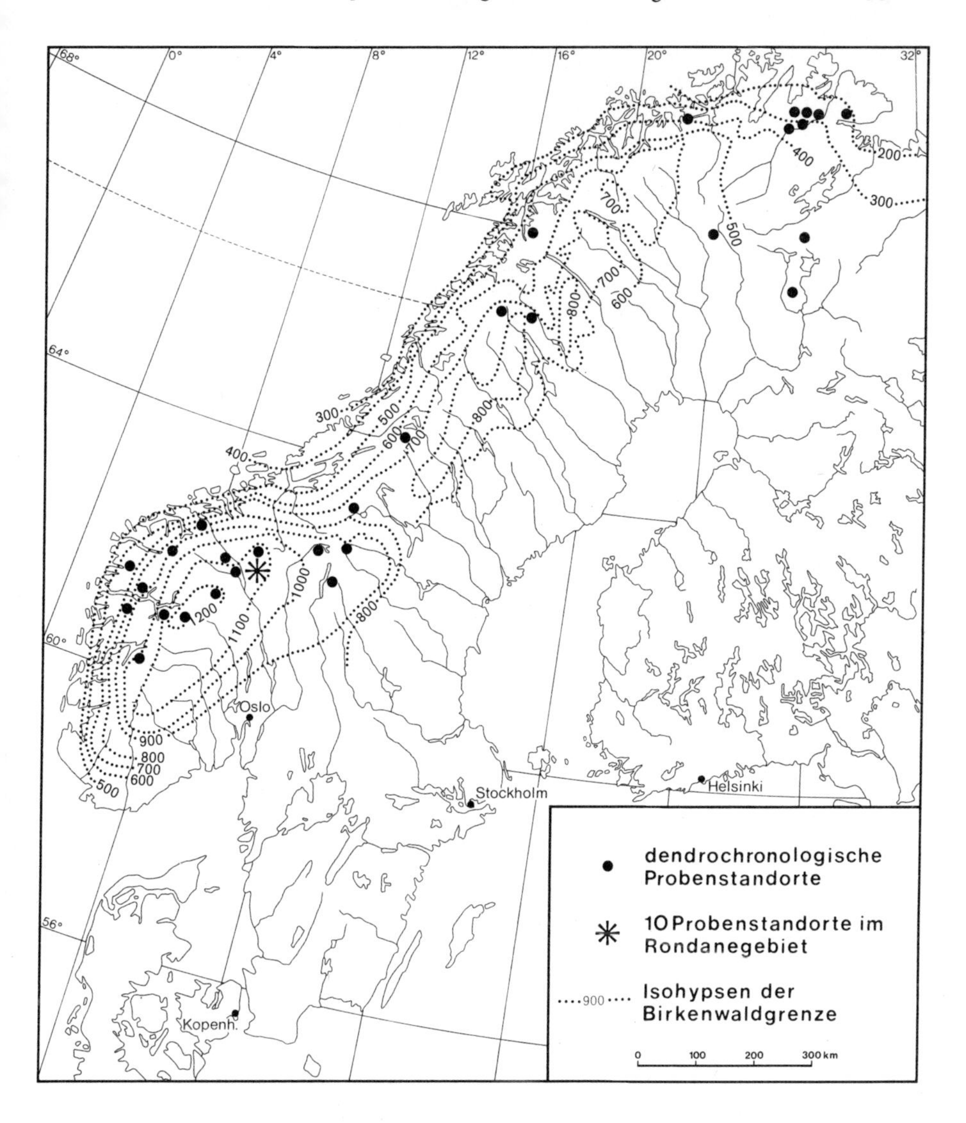

Abb. 7: Isohypsen der Birkenwaldgrenze für Skandinavien (verändert nach AAS 1964) und Probengebiete für dendrochronologische Untersuchungen.

Anhand dieser Merkmale ist unschwer abzuleiten, daß Klima und Relief die entscheidenden Faktoren für die Verbreitung der verschiedenen Höhenlagen der Baumgrenze sind.

Bezeichnend für die südliche Teilregion ist die hohe Lage der Waldgrenze, die von 500 m im Küstenbreich bis auf über 1200 m im Gebirgsmassiv von Jotunheimen ansteigt. Denn hohe Erhebungen, einzelne aufragende Berge oder größere Gebirgsstöcke ziehen die Vegetationsgrenzen und Höhenstufen gewissermaßen mit sich hoch.

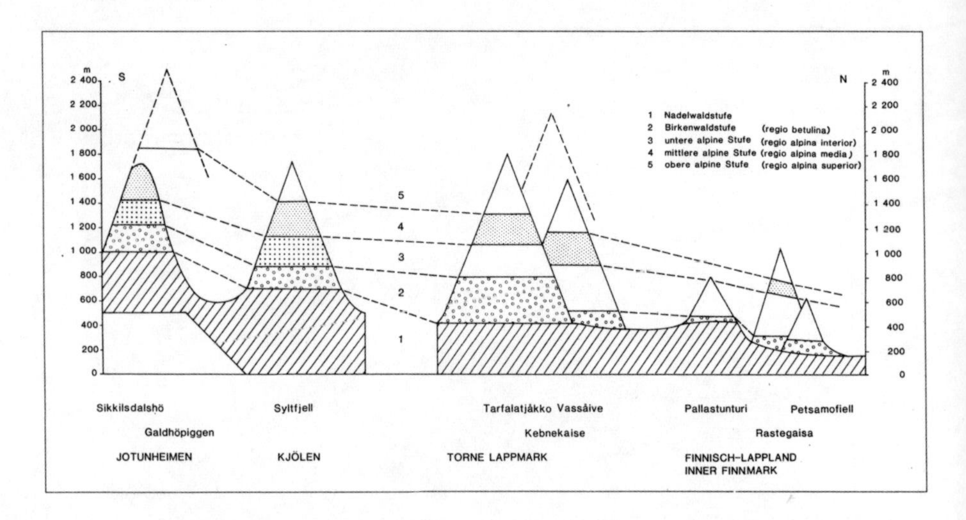

Abb. 8: Schematisiertes meridionales Profil durch die Höhenstufen der Skanden von Jotunheimen bis nach Nordfinnland (nach NORDHAGEN 1943).

Dieses Phänomen wird als Massenerhebungseffekt beschrieben (SCHROETER 1926, LJUNGER 1944) und ist im wesentlichen auf eine Erhöhung der Tages- und Sommertemperaturen zurückzuführen. Die hohen Baumgrenzen im Jotunheimen-Gebiet wie z.B. im Sikkilsdalen, die in Südexposition 1280 m (Artgrenze bis 1340 m), in Nordexposition noch 1210 m erreichen, stimmen mit dem Anstieg der Sommerisotherme überein und sind nach NORDHAGEN (1943) auf den Massenerhebungseffekt zurückzuführen. In Skandinavien fällt jedoch die Zunahme der Erhebungen von West nach Ost mit der Entfernung vom Meer zusammen, sodaß ein Massenerhebungseffekt – sollte er tatsächlich existieren – kaum zu trennen ist von dem Effekt der zunehmenden Kontinentalität.

Die Mächtigkeit der Birkenstufe ist bei der ausgesprochen engstufigen vertikalen Schichtung der Vegetationsstufen im Gebiet der tief ins Land greifenden Fjorde und Trogtäler mit ca. 100 m relativ gering, was wohl eine Folge des großen anthropogenen Einflusses ist.

Landeinwärts nimmt mit steigender Waldgrenzhöhe auch die Mächtigkeit der Birkenstufe auf 200–250 m zu. Im Südwesten verläuft die Waldgrenze zumeist entlang der Flanken der tiefeingeschnittenen Trogtäler.

Östlich und nordöstlich Jotunheimens sinkt zwar die Waldgrenze auf durchschnittlich 1100–1000 m ab, erreicht aber im Rodanegebiet etwa im Grimsdalen und Döralen noch Höhe von 1130–1160 m und im Dovrefjell bei Hjerkinn Höhen von 1060 m. Die Waldgrenze beschränkt sich in dieser Region nicht mehr nur auf die Talflanken, sondern befindet sich weiträumig auf den tieferen Niveaus der hochgelegenen Altflächen.

Nach Osten zu senkt sich die Birkenbaumgrenze in den schwedischen Provinzen Jämtland, Härjedalen und Dalarna ab, wobei mit abnehmender Reliefhöhe die Mächtigkeit der Birkenstufe abnimmt und allmählich auskeilt, so daß auch keine Baumgrenze mehr ausgebildet sein kann.

Im Bereich der orographischen Einschnürung der Skanden durch die Senken von Trondheim und Jämtland, die durch den niedrigen Paß von Storlien mit ca. 600 m Höhe verbunden sind, geschieht unter dem Einfluß des weit nach Osten vorstoßenden maritimen Klimaeinflusses eine deutliche Absenkung der Birkengrenze auf Höhen von maximal 700–800 m. Trotz der nördlich des Passes von Storlien wieder ansteigenden Massenerhebung der Skanden auf mehr als 2000 m z.B. im Sarekgebirge und Kebnekaise-Massiv erreichen Wald- und Baumgrenze nur noch 800–900 m Höhe (vgl. Abb. 8), da mit gleichzeitig zunehmender geographischer Breite ein klimatisch bedingtes Absinken der Höhengrenzen der Vegetation einhergeht. Bis zum Torneträsk-Gebiet erfolgt eine allmähliche Abnahme der Höhenlage auf 550–650 m. Die Mächtigkeit der Birkenwaldstufe schwankt zwischen 75 und 200 m.

Dieses Absinken der Höhengrenze erfolgt auf der maritim geprägten Westseite in stärkerem Maße als auf der kontinentaleren Ostseite. Während auf der atlantischen Seite die Birkenwaldgrenze im Schutze der Täler verbleibt und nur bis in Höhen von 400–500 m ansteigt, ist der Birkenwald auf der kontinentalen Abdachung nicht nur auf die in die Gebirge eingreifenden oberen Talabschnitte beschränkt, sondern greift auch auf die randlichen niedrigen Hochflächenstockwerke über (BLÜTHGEN 1960:122). An den Talflanken bildet die Waldgrenze den Abschluß ziemlich geschlossener Bestände ohne deutliche Ausprägung einer Baumgrenze. Bei flachen Hängen im Übergang auf die Hochflächen löst sich dagegen der Birkenwald bei zunehmend lockerer Bestandsdichte bis zur Baumgrenze hin allmählich auf.

Entlang des ganzen Ostrandes der Skanden ragen inselbergartig sog. Niederfjelle auf, die bei ausreichender Höhe noch eine Birkenwaldstufe mit Wald- und Baumgrenze tragen. Bei abnehmenden Geländehöhen keilt auch hier der Birkenwald ostwärts allmählich aus.

In Finnmark und im angrenzenden Finnisch-Lappland nimmt bei Abnahme der durchschnittlichen Geländehöhe auch die Höhenlage der Birkengrenze von 400–500 m rasch auf nur noch 300–350 m Höhe ab. Zwischen Porsanger- und Varangerfjord sinkt die Baumgrenze im stark maritim bestimmten Küstenklima dann auf weniger als 200 m Höhe und bildet schließlich mit einzelnen weitständigen Baum- und Buschgruppen die sog. polare Baumgrenze, die aber nach HOLTMEIER (1974) immer noch eine Höhengrenze ist (vgl. Kap. 2).

Die als Vidden bezeichneten Flächen des Inneren von Finnmark und Finnisch-Lappland sind über weite Bereiche von Birkenwald geprägt. Wald- und Baumgrenzen treten nur an herausragenden Erhebungen auf. Auf größeren und höheren Bergmassiven wie etwa am Pallastunturi im westlichen Nordfinnland, der sich mit einer Gipfelhöhe von 821 m über die weitere Umgebung der ca. 400–450 m hohen Rumpfflächenlandschaft erhebt, erreichen die Wald- und Baumgrenzen deutlich höhere Niveaus als die Umgebung. So steigt nach HUSTICH (1973) und HOLTMEIER (1974:17) die Waldgrenze im Gebiet der

Niederen Fjelle z.B. vom Yllastunturi (740m, Waldgrenze 450m), Kätkätunturi (483 m, Waldgrenze 450–460 m) oder Levintunturi (531 m, Waldgrenze 450 m) entgegen dem von Süden nach Norden gerichteten Temperaturgefälle zum Pallastunturi (821 m, Waldgrenze 550–560 m, Baumgrenze über 600 m) hin an. Diese Anhebung von Wald- und Baumgrenze ist nun nicht auf den sog. Massenerhebungseffekt zurückzuführen, da die Erhebung des Pallastunturi zu klein ist, um als Heizfläche und Wärmeinsel wirksam zu werden. Vielmehr bietet die größere Erhebung neben der Vielgestaltigkeit der Topographie und Standortverhältnisse auch besseren Windschutz in bestimmten Expositionen. Die durch das Relief bestimmten topoklimatischen und wohl auch hinsichtlich der Feuchtigkeitsverhältnisse günstigeren topoedaphischen Bedingungen spiegeln sich hier am Pallastunturi wieder in der großen Streuung der Höhenlage der Waldgrenze zwischen 390–560 m (HUSTICH 1937:22).

Weiter nach Osten zu wird die Mächtigkeit der Birkenstufe geringer. Auf den noch innerhalb der nördlichen borealen Nadelwaldregion gelegenen Tunturis im nordwestlichen und zentralen Finnisch-Lappland erreichen Kiefer und Fichte allmählich die Birkengrenze oder übersteigen sie sogar, wie am Pallastunturi, Lommoltunturi, am Kaunispää, Kiilopää und anderen Tunturis.

Mit dieser sich allmählich verstärkenden Tendenz einer Durchdringung der Birkenwaldstufe mit Nadelhölzern beginnt sich in diesem Gebiet der Übergang abzuzeichnen, wo schließlich anstelle der Birke nur noch Nadelbäume die Baumgrenze bilden.

Anders als etwa in Norwegen, wo Wald- und Baumgrenze stets von der Birke gebildet werden, ist für diese Gebiete festzuhalten, daß die Waldgrenze und die Baumgrenze von verschiedenen Baumarten gebildet werden. In der Regel bilden hier Nadelbäume die Waldgrenze, die Birken bei geringer Vertikaldifferenz die Baumgrenze.

Abgesehen von diesen östlichen Übergangsbereichen zur eurosibirischen nördlichen Borealzone hin gilt zusammenfassend, daß trotz gebietsweise größerer Ausdehnung der Baumgrenzökoton durchwegs recht scharf und deutlich begrenzt ist. Die Birkengrenze ist markanter als die Baumgrenzen von Kiefer und Fichte, die nur schwer festzulegen sind, da sich die Nadelwälder hier zu ihren Verbreitungsgrenzen hin fast unmerklich und gewissermaßen im Schutz des Birkenwaldes auflösen und diesen in lockeren Gruppen oder als Einzelbäume durchdringen, ohne die Birkengrenze in der Regel selbst zu erreichen.

3.5. DIE WUCHSFORMEN DER BIRKE AN DER BAUMGRENZE

Zum vielfältigen Erscheinungsbild der Baumgrenze Skandinaviens trägt neben dem durch die floristische Zusammensetzung geprägten Vegetationsaspekt in hohem Maße die Wuchsform der Birken bei. Sie verleiht durch die Dominanz bestimmter Wuchsformen – ob nun Baum, Busch oder Strauch – dem Baumgrenzökoton seinen landschaftsspezifischen Charakter.

Es sind grundsätzlich zwei Typen von Wuchsformen zu unterscheiden: die einstämmige (= monokorme) und die vielstämmige (= polykorme) Wuchsform, die jeweils in verschiedener Weise modifiziert sein können.

Die monokormen Birken – von BLÜTHGEN (1960) als typisch für die Fjellbirken überhaupt und von WISTRAND (1962) als typische Wuchsform der schwedischen Niederfjelle angesehen – sind gebietsweise in z.T. ausgedehnten Beständen anzutreffen. Sie geben dem Baumgrenzbereich das charakteristische Aussehen einer Parklandschaft. Besonders weit verbreitet ist diese Wuchsform in Nordfinnland westlich des Kevojärvi im Muotkatunturit- und Paistunturit-Gebiet (KALLIO & MÄKINEN 1978), aber auch in anderen Gebieten Skandinaviens, wie z.B. im Ringebufjell im südöstlichen Norwegen. Allen diesen Baumbeständen ist das gleiche Erscheinungsbild gemeinsam: über einem 1–2 m hohen, meist weißgrauen Stamm breitet sich eine obstbaumförmige Krone aus. Die Zweige und Äste sind gedrungen und knorrig (Abb. 9 a).

Nach dendrochronologischen Untersuchungen (TRETER 1982) konnte für einige monokorme Baumbestände ein vergleichsweise hohes Alter der Bäume von 100–200 Jahren festgestellt werden, wobei an den einzelnen Standorten Bäume einer Altersklasse vorherrschend sind. Etwa 20–30 % dieser monokormen Birken weisen an einigen Standorten wie im Utsjoki-Gebiet in Nordfinnland noch Basaltriebe auf, die durchwegs nur die Höhe der standörtlich durchschnittlichen Schneedecke erreichen (Abb. 9 b).

Eine befriedigende Erklärung dafür, daß es monokorme Birken mit und ohne Basaltriebe gibt, konnte bisher nicht gefunden werden. Als Hypothese muß vorerst gelten, daß die monokormen Baumbirken mit Basaltrieben das Verbindungsglied zu den polykormen Wuchsformen darstellen.

Bei polykormen Wuchsformen der Birken können aus einem Wurzelstock bis zu 20 Stämme emporwachsen. Häufig findet man jedoch nur wenige ältere Stämme, die umgeben sind von einer Vielzahl jüngerer Triebe. Es ist weniger die Höhe, die mehr als vier Meter erreichen kann, als vielmehr die Vielstämmigkeit, die diesen Bäumen und Baumgruppen „Buschcharakter" verleiht (Abb. 9 c).

Die Vielstämmigkeit ist begründet in der Fähigkeit zur Ausschlagbildung, wie sie bei vielen Gehölzen anzutreffen ist. Diese Fähigkeit ist genetisch angelegt; offen ist jedoch, ob auch die Polykormie genetisch bedingt ist oder in erster Linie durch äußere Einflüsse hervorgerufen wird. Solche Einflüsse sind z.B. Verbiß durch Weidevieh (Rinder, Schafe, Ziegen) und Rentiere, Befall und Schädigung der Bäume durch herbivore Insekten, durch mechanische Beschädigung infolge Schneedrucks oder durch anthropogene Einflüsse wie Holznutzung.

Die Wurzelstöcke polykormer Birken können sehr alt sein. In der Regel sind sie viel älter als die gegenwärtig aus ihnen emporwachsenden Stämme. Für den Fortbestand der Art ist diese Überlebensstrategie unter dem Druck verschiedenster ungünstiger Verhältnisse von großer Bedeutung.

Unter dem Einfluß von großen Schneemächtigkeiten kommt es zur liegen-

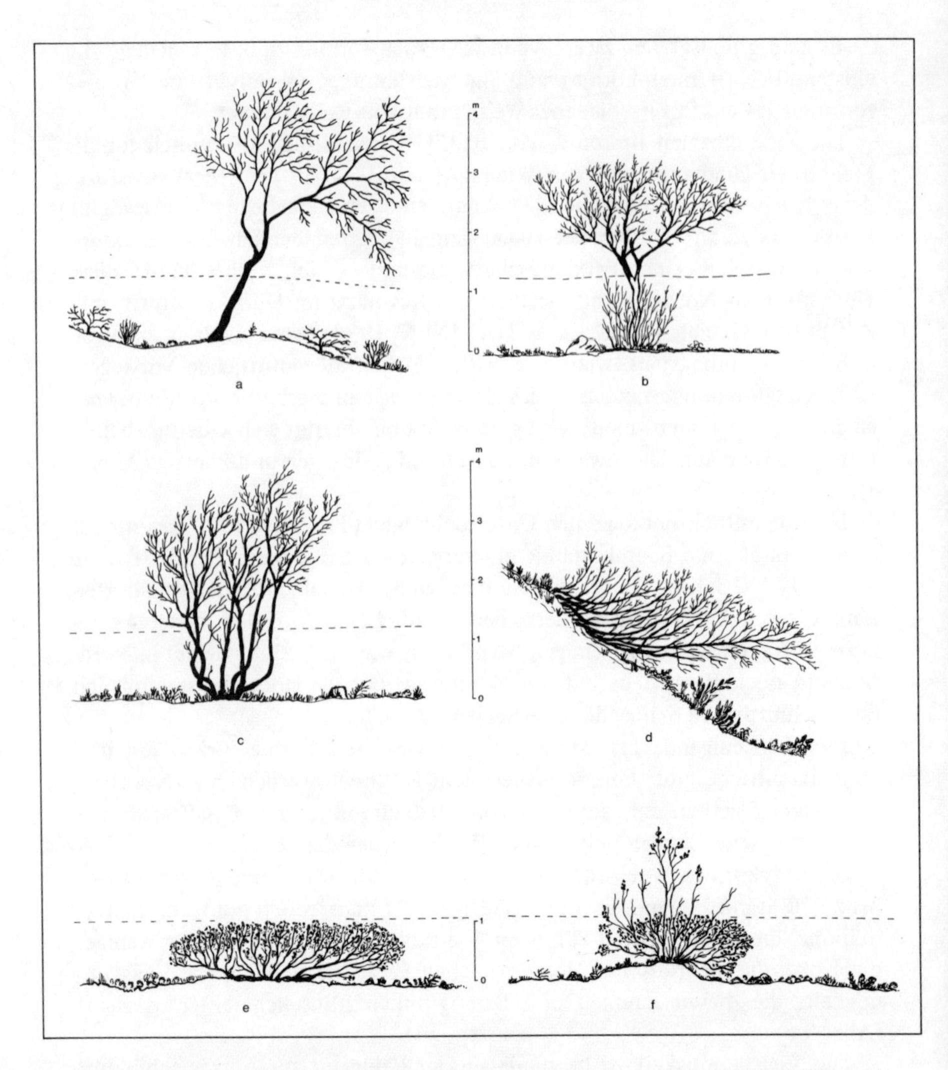

Abb. 9: Wuchsformen der Birken an der Baumgrenze: a) monokorme Wuchsform, b) monokorme Wuchsform mit Basaltrieben, c) polykorme Wuchsform, d) polykorme, liegende Wuchsform, e) Tafel- bzw. Tischbirke, f) Wipfeltischbirke. – Die gerissene Linie gibt die durchschnittliche Schneemächtigkeit an.

den Form der polykormen Birken. Durch den alljährlich wiederkehrenden Vorgang des hangabwärtigen Umbiegens und Niederlegens der Stämme und Äste durch Schneedruck und Schneegleiten kommt es häufig zu Stammbrüchen an der Basis, die zu reichlichen Stockausschlägen führen und diese liegenden, oft mehr als 3 m langen Buschformen undurchdringlich werden lassen (Abb. 9 d, vgl. Kap. 4.5.2.).

Zur Wuchsform der polykormen Birken zählen auch die Tischbirken (table birches) und Wipfeltischbirken (KIHLMANN 1980, FRIES 1913, BLÜTH-

GEN 1960), die deutlich den Einfluß äußerer Faktoren zeigen. Die Tischbirken (Abb. 9 e) mit einer Höhe bis etwa 1 m kennzeichnen die durchschnittliche Mächtigkeit der lokalen Schneedecke, unter der sie vor Eisgebläse, mechanischen Windschäden und starker Verdunstung zur Unzeit bewahrt bleiben. Überragen einzelne Äste, die starke Spuren mechanischer Beanspruchung vor allem durch Eisgebläse unmittelbar oberhalb der Schneedecke im Fehlen von Zweigen erkennen lassen, die schützende Schneedecke, spricht man von Wipfeltischbirken (Abb. 9 f).

Tisch- und Wipfeltischbirken sind im Baumgrenzbereich an besonders windexponierten Standorten mit mäßiger bis mittlerer winterlichen Schneedecke verbreitet und markieren oft die Artgrenze. Geradezu charakteristisch und weithin landschaftsprägend sind sie in Nordfinnland und Nordnorwegen wie etwa in der Umgebung des Varanger-Fjordes (vgl. HÄMET-AHTI 1963).

3.6. DIE TAXONOMISCHE STELLUNG DER BAUMGRENZBIRKEN

Die unterschiedlichen Wuchsformen der Baumgrenzbirken lassen sehr schnell die Frage aufkommen, ob es überhaupt überall die gleiche Birke ist, die in Skandinavien die Baumgrenze bildet oder ob nicht möglicherweise verschiedene Arten vorliegen (KALLIO 1981).

Gestützt werden diese Überlegungen dadurch, daß monokorme Wuchsformen im Baumgrenzbereich häufiger im kontinental geprägten Klima, polykorme Wuchsformen häufiger im ozeanisch geprägten Klima verbreitet sind.

Hinsichtlich der taxonomischen Stellung, d.h. der Artzugehörigkeit der Fjellbirken gibt es in der einschlägigen Literatur recht unterschiedliche Auffassungen:

- Die Fjellbirken werden der auch in tieferen Lagen wie auch im übrigen Europa verbreiteten Birkenart *Betula pubescens* Ehrh. zugerechnet.
- Die Fjellbirken werden als eigene Art *Betula tortuósa*, die von v. LEDEBOUR (1849, 1851) aus dem Altai-Gebirge zuerst beschrieben wurden, aufgefaßt.
- *Betula tortuosa* ist keine eigene Art, sondern nur eine nördliche Form im Range eines Ökotyps oder eine Subspecies (Unterart) des hoch polymorphen Kollektivs der tetraploiden Art *Betula pubescens*, also *Betula pubescens ssp. tortuosa*.

Der Stellenwert dieser Diskussion um die taxonomische Zuordnung der Fjellbirken ergibt sich insbesondere unter dem Gesichtspunkt des regionalen Vergleichs innerhalb des großen Verbreitungsgebietes in Skandinavien mit seinen großen klimatischen Differenzierungen.

Die Birken des Fjellbirkenwaldes und des Baumgrenzbereiches weisen hinsichtlich der morphologischen Merkmale der Blätter, Kätzchen, Fruchtkätzchen, Früchte und Fruchtschuppen eine außerordentlich große Variationsbreite auf. Das hat verschiedene Autoren wie u.a. GUNNARSSON (1925), LIND-

QUIST (1945) und BENUM (1958) zur Differenzierung zahlreicher Arten, Unterarten, Formen und Varietäten veranlaßt, die heute aber wieder weitgehend aufgegeben sind.

Zur Klärung der Frage, ob die Birken der Baumgrenze innerhalb ihres Verbreitungsgebietes untereinander vergleichbar sind, wurde auf der Grundlage von blattmorphologischen Merkmalen eine biometrische Analyse durchgeführt. Von 18 verschiedenen Baumgrenzstandorten (vgl. Abb. 7), die sich über ganz Skandinavien verteilen, wurden von insgesamt 42 Bäumen jeweils 40 Blätter in Anlehnung an VAARAMA & VALANNE (1973) nach folgenden Merkmalen vermessen:

1. Blattlänge,
2. Blattbreite,
3. Quotient Blattlänge: Blattbreite,
4. Winkel an der Blattspitze (Apikalwinkel),
5. Winkel an der Blattbasis (Basalwinkel),
6. Winkel zwischen der 2. Blattader und der Hauptader,
7. Lage der maximalen Blattbreite bezogen auf die Blattlänge (als Quotient).

Mit diesen Merkmalen ist die Blattform ohne Berücksichtigung der Blattzähnung gut zu charakterisieren. Für jeden Baum wurden aus den je 40 Einzelwerten der Merkmale die Mittelwerte gebildet, so daß schließlich eine Datenmatrix von 42 Variablen (= Bäume) mit je 7 Merkmalswerten entstand.

Mit dem Computer-Programm CLUST.F4 (IBM 1970) wurde eine Clusteranalyse dieser Datenmatrix mit dem Ziel durchgeführt, Variable gleicher oder ähnlicher Merkmalskombinationen zu Klassen oder Gruppen zu sortieren und zusammenzufassen.

Anhand des aus diesen Ähnlichkeitsmaßen entwickelten Dendrogramms (Abb. 10) lassen sich bei Anwendung eines bei diesem Klassifikationsverfahren nur subjektiv festzulegenden Grenzwertes der Ähnlichkeit 6 Gruppen oder Klassen unterscheiden. Durch eine nachfolgende Diskriminanzanalyse mit dem SPSS-Programm DISCRIMINANT (SPSS-Version 8, 1980) wurden die Gruppen 1 und 4 als die homogensten und stabilsten ausgewiesen, die übrigen Gruppen dagegen als weniger homogen bestätigt.

Wie das Dendrogramm ausweist, ist die Gruppe 1 auf einer relativ niedrigen Fusionsstufe der Ähnlichkeiten deutlich von den anderen Gruppen getrennt. Die Blattform dieser Gruppe (Abb. 11) sticht vor allem durch die Gestaltung der Blattbasis von den übrigen ab. Alle Variablen dieses Typs entstammen Standorten aus dem südwestlichen Norwegen. Die Blattform ist somit einem bestimmten Gebiet zuzuordnen.

Die Gruppe 4, durch die Clusteranalyse und Diskriminanzanalyse ebenfalls als stabil gekennzeichnet, zeigt eine Blattform, die sich von allen anderen durch ihre rundliche Blattform unterscheidet und als *Betula pubescens* x *Betula nana*-Hybride zu beurteilen ist.

Diese Hybriden, die Merkmale beider Arten vereinigen, sind sichtbarer Ausdruck aktueller Artenentwicklung und überall in Skandinavien an der

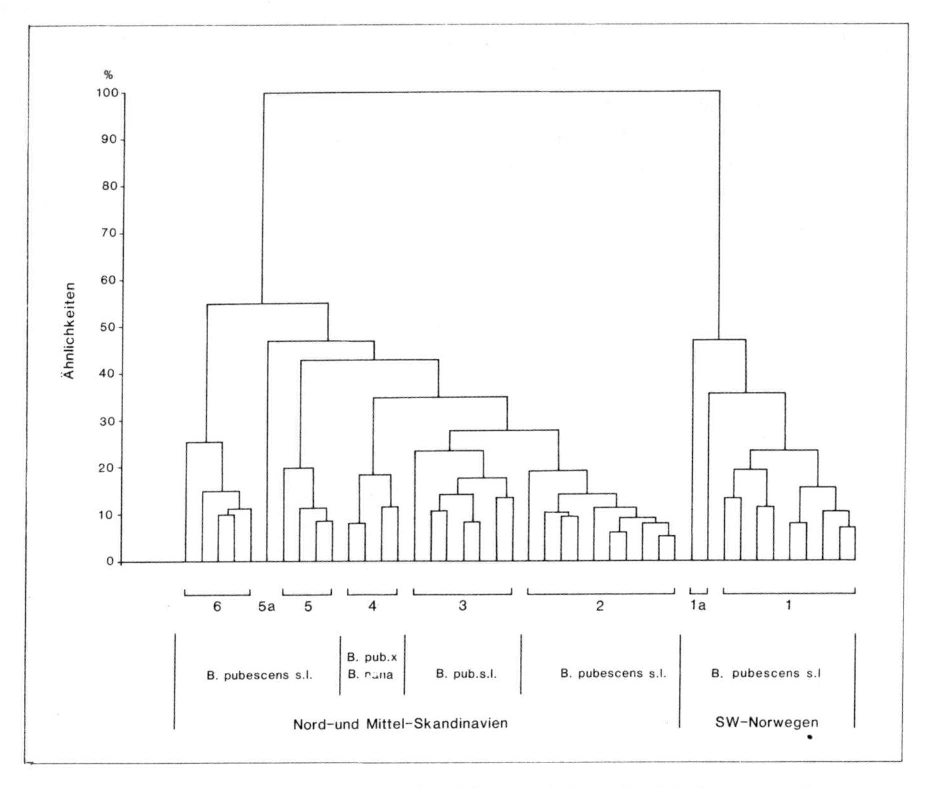

Abb. 10: Dendrogramm der Clusteranalyse blattmorphologischer Merkmale von Baumgrenzbirken in Skandinavien.

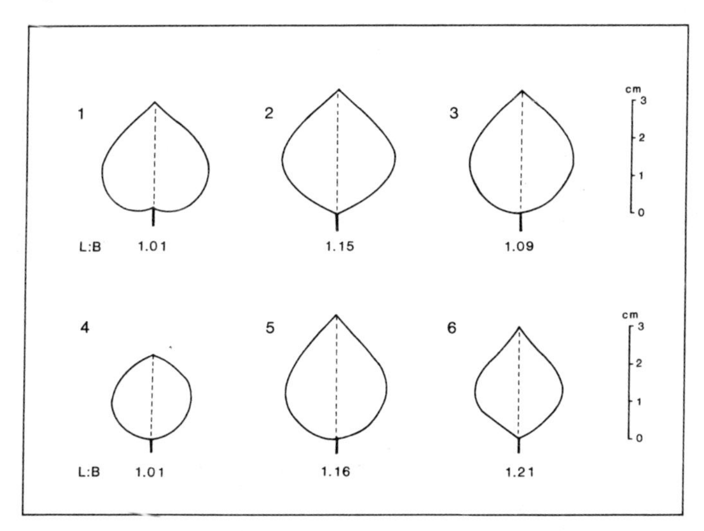

Abb. 11: Blattformen. Konstruiert auf der Grundlage der Merkmalsmittelwerte der Klassen, wie sie im Dendrogramm Abb. 10 ausgewiesen sind. – L:B = Längen-Breiten-Quotient.

Baumgrenze als Busch- oder Strauchformen von bis 1,5 m Höhe recht häufig verbreitet. Sie stellen nicht selten die höchsten Birkenvorkommen, abgesehen natürlich von der Zwergbirke.

Begünstigt wird die Hybridisation offensichtlich durch ein Überlappen der Blühzeiten und des Pollenfluges beider Arten in der gedrängten Vegetationsperiode an der Baumgrenze und unter dem Einfluß der vergleichsweise niedrigen Temperaturen (SULKINOJA 1981:8).

In dem Mangel von Kreuzungsbarrieren zwischen den Birkenarten ist wohl in erster Linie die Polymorphie der Fjellbirken zu sehen (vgl. GUNNARSSON 1925, MORGENTHALER 1915, VAARAMA & VALANNE 1973). Nach LID (1963:253) sind die meisten Birken des Fjellbirkenwaldes Hybriden und mit Ausnahme der Zwergbirke dürften nach ihm reine Birkenarten hier selten sein.

Die durch die heutigentags ablaufenden Kreuzungsvorgänge verursachte Polymorphie spiegelt sich auch im Ergebnis der Clusterananlyse wieder. Die Gruppen 2,3,5 und 6 (Abb. 10) stehen der Blattform nach (Abb. 11) relativ eng miteinander in Beziehung. Das Dendrogramm gibt zu erkennen, daß die Gruppen 2 und 3 enger mit der Gruppe 4, den Hybriden, „verwandt" sind als die Gruppen 5 und 6, die insbesondere durch die zunehmende Rautenform der Blätter (Gruppe 6) eine gewisse Entfernung und eine eigene Entwicklungsrichtung anzeigen.

Aufgrund dieser blattmorphologischen Untersuchungen zur taxonomischen Differenzierung der Baumgrenzbirken und unter Berücksichtigung aus der Literatur bekannter Ergebnisse sind folgende Schlüsse zu ziehen:

Die Birken des skandinavischen Fjellbirkenwaldes und der Baumgrenzgebiete sind der Art *Betula pubescens* Ehrh.s.lat. zuzuordnen (HYLANDER 1955, LÖVE & LÖVE 1956). *Betula pubescens* repräsentiert ein sehr polymorphes Kollektiv, das durch laufende Hybridisation geprägt ist und im Prozess der Evolution und Artdifferenzierung begriffen ist. Nach KALLIO & MÄKINEN (1978:56) ist die genetische Differenzierung und Variation derart kontinuierlich, daß der Gebrauch von taxonomischen Kategorien etwa auf dem Niveau von Subspecies nicht angebracht erscheint.

Neben den erfaßten morphologischen Blattmerkmalen gibt es auch solche, die unabhängig von der Wuchsform der Birken als Anpassung an klimatische und edaphische Einflüsse zu deuten sind (KIHLMANN 1890:162) und auch eine gewisse regionale Differenzierung zulassen. Die Blätter von Bäumen im kontinentalen Nordfinnland z.B. sind durchwegs dicker, fester und lederartiger (KALLIO & MÄKINEN 1978:55) als diejenigen von Standorten im ozeanischen Klimaeinfluß, die oft relativ dünn und ausgesprochen hygromorph sind.

Insgesamt kann trotz offensichtlich verschiedener Birkenpopulationen davon ausgegangen werden, daß es sich bei den Birken im Baumgrenzbereich Skandinaviens um eine Art handelt. Somit sind die verschiedenen Baumgrenzstandorte unter diesem Aspekt durchaus untereinander vergleichbar.

4. DIE ÖKOLOGISCHEN FAKTOREN IM BAUMGRENZÖKOTON

Es steht außer Frage, daß dem Klima für die Ausbildung der Baumgrenzen eine entscheidende Rolle zukommt. Das hat zum Begriff der klimatischen Baumgrenze geführt (vgl. Kap. 2), die aber eher theoretischer als realer Natur ist, insgesamt jedoch modellhaft anschauliche Bedeutung hinsichtlich der großräumigen Ausprägung der Baumgrenze hat. Inwieweit die empirische, d.h. die beobachtbare Baumgrenze mit der klimatischen Baumgrenze identisch ist, ist nicht immer mit Sicherheit abzuschätzen, denn die lokalen Erscheinungsformen der Baumgrenze werden durch vielfältige edaphische, topographisch-orographische, biotische und anthropogene Faktoren modifiziert oder bestimmt. Diese Faktoren können im einzelnen oft entscheidender sein für die gesamte ökologische Situation an der Baumgrenze, für deren Höhenlage und für ihre Physiognomie, als die großräumig wirksamen Klimaeinflüsse.

Mit der Dendrochronologie und der daraus entwickelten Dendroklimatologie stehen Untersuchungsmethoden zur Verfügung, das Wuchsverhalten eines Baumes oder Baumbestandes über die gesamte Lebensdauer hinweg zurückzuverfolgen und den Einfluß des Klimas und anderer ökologischer Faktoren auf den Baumwuchs abzuschätzen und näherungsweise zu quantifizieren.

4.1. DIE DENDROCHRONOLOGISCHEN UND DENDROKLIMATOLOGISCHEN UNTERSUCHUNGSMETHODEN

In Klimaten mit deutlich unterschiedenen Jahreszeiten, in denen die Wachstumsperioden durch Ruhepausen getrennt werden, kommt es bei den Holzgewächsen mit sekundärem Dickenwachstum zur Anlage von Jahresringen. In den kühlgemäßigten und kalten Klimaten ist es eine Winterruhe, in den wärmeren Klimaten eine Trockenruhe, die die Wachstumsperioden trennt. Für die humiden Klimate mit Winterruhe gilt allgemein, daß die Breite der angelegten Jahresringe als integraler Ausdruck des jährlichen Holzzuwachses im wesentlichen von der Temperatur der Vegetationsperiode beeinflußt wird. Hohe Temperaturen bedingen daher einen breiten, niedrige Temperaturen einen schmalen Jahresring. Der Wechsel in den jährlichen Sommertemperaturen spiegelt sich also entsprechend in den wechselnden Jahresringbreiten wieder. Bäume der gleichen Art innerhalb eines begrenzten Gebietes weisen stets ähnliche Jahresringsequenzen auf, und selbst innerhalb größerer Regionen zeigen die Bäume in der Tendenz übereinstimmende Jahresringsequenzen. Diese Tatsachen liegen der Dendrochronologie als absolute Datierungsmethode zugrunde (FRITTS 1976).

Die Ermittlung der Jahresringe erfolgt entweder anhand von Stammbohrkernen, die mit einem sog. Zuwachsbohrer entnommen werden oder anhand von Stammscheiben, die nach dem Fällen der Bäume aus dem unteren Stammteil geschnitten werden.

Die Anwendung der dendrochronologischen Methoden im Baumgrenzökoton Skandinaviens hat zunächst folgende Zielsetzungen:

- Die Erarbeitung von Jahresringkurven von verschiedenen Baumgrenzstandorten als Grundlage der Altersbestimmung. Die Jahresringkurve ist die graphische Darstellung der Folge der Jahresringe.
- Die Feststellung der Altersstruktur der Baumbestände im Baumgrenzökoton.
- Die Ermittlung des langfristig durchschnittlichen jährlichen Zuwachses.

Folgende Arbeitsschritte im Gelände und im Labor sind dazu erforderlich:

- Auswahl von geeigneten Baumgrenzstandorten auf der Grundlage von topographischen Karten, Luftbildern und persönlicher Geländekenntnis. Die hier herangezogenen Untersuchungsstandorte verteilen sich über den gesamten Baumgrenzbereich Skandinaviens (vgl. Abb. 7).
- Probenahme und Standortsaufnahme: Es wurden an jedem Standort, der als ein in bestimmten Grenzen homogener und in seiner Größe variabler Ökotop zu verstehen ist, von jeweils 10–15 Bäumen Stammscheiben entnommen. Als wichtige Standortsfaktoren werden die Höhe ü.NN, Exposition, Hangneigung, Bestandsdichte, durchschnittliche Schneemächtigkeit (*Parmelia olivacea*-Grenze), Wuchsform und Baumhöhe aufgenommen.
- Laborarbeiten: Die im Gelände gesammelten Stammscheiben werden zunächst durch Schleifen mit verschiedenen Körnungsstufen soweit geglättet, daß die Jahresringe bei bis zu 40facher Vergrößerung unter dem Mikroskop gut zu identifizieren und auszumessen sind. Nach Erstellung der individuellen Jahresringkurven schließt sich die visuelle Synchronisation der bis zu 15 Jahresringkurven eines Standortes an. Dieses Verfahren wird auch als „cross-dating" bezeichnet (vgl. FRITTS 1976) und wird angewendet, um eventuell übersehene oder ausgefallene Jahresringe entdecken und einfügen zu können.

Die mittlere Jahresringbreite eines Baumes wird errechnet, indem die Summe aller Jahresringbreiten durch die Anzahl der Jahresringe dividiert wird. Diese mittlere Jahresringbreite ist als Ausdruck der am Wuchsort längerfristig herrschenden klimatischen, edaphischen und endogenen Wuchsbedingungen zu werten. Der aus den 10–15 Stämmen eines Standortes (s.o.) gebildete Durchschnittwert der mittleren Jahresringbreite kennzeichnet die standörtlich längerfristigen Wuchsverhältnisse.

Das absolute Alter eines Baumes liegt stets höher als die ermittelte Anzahl der Jahresringe, da die Stammscheiben in der Regel aus einer Höhe von 30 cm über der Bodenoberfläche entnommen wurden. Die Bestimmung des absoluten Alters ergibt sich daher aus dem ermittelten Alter plus einem Zuschlag von ca. 5–10 Jahren. Bei den Altersangaben wird im folgenden jedoch immer nur das tatsächlich, aus der Stammscheibe ermittelte Alter verwendet.

Nach diesem umfangreichen und zeitaufwendigen vorbereitenden Arbeiten, die als erstes Ergebnis die Erstellung von Jahresringkurven sowie die Berechnung der standörtlichen mittleren Jahresringbreite zum Ziel haben, können dann weitere Untersuchungsschritte zur Kennzeichnung und Analyse der ökologischen Situation im Baumgrenzbereich vorgenommen werden.

4.2. DIE BAUMGRENZE IM RONDANEGEBIET/SÜDOSTNORWEGEN

Die generalisierende Darstellung der Baumgrenzisohypsen für ganz Skandinavien (vgl. Abb. 7) läßt lokale Differenzierungen der Höhenlage der Birkengrenze nicht in Erscheinung treten, wie sie vor allem durch das Relief, die Höhe der Gebirge und die Exposition hervorgerufen werden. Das Verbreitungsmuster der Baumgrenze in lokaler Dimension unter dem Einfluß dieser und weiterer Faktoren kann beispielhaft für das nordöstliche Rondanegebiet in Südostnorwegen (Abb. 12, vgl. auch Abb. 14) gezeigt werden.

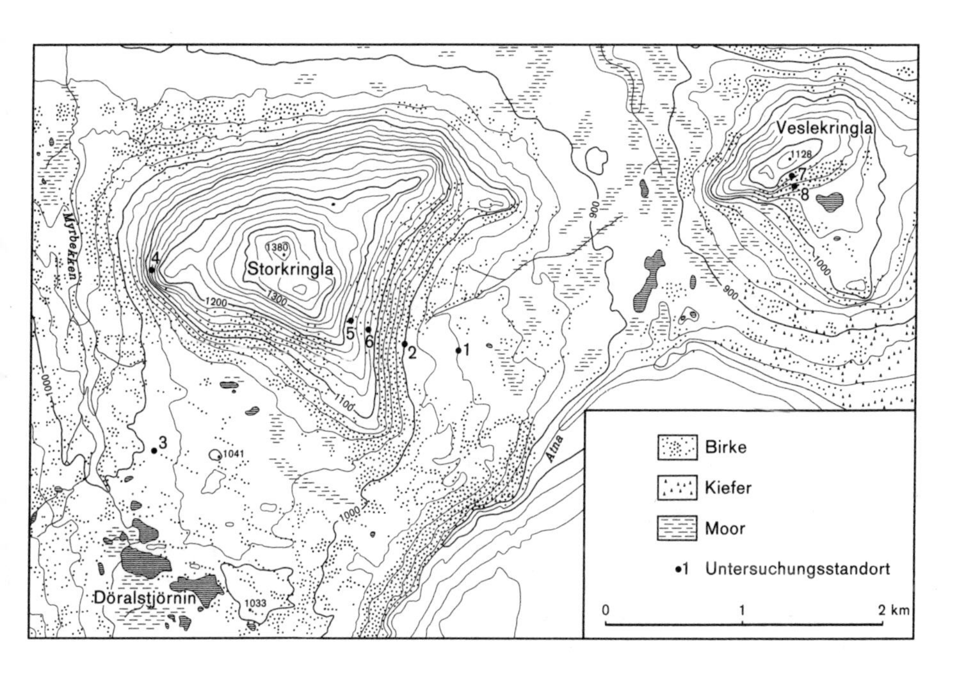

Abb. 12: Verbreitung des Birkenwaldes und der Baumgrenze, Lage der Standorte 1–8 im nordöstlichen Rondanegebiet/Südostnorwegen (vgl. Abb. 14).

Für eine derartige Untersuchung biete sich das Rondanegebiet an, da sowohl der Verwitterungs- wie der Moränenschutt, der das Oberflächensubstrat bildet, das gleiche Ausgangsgestein haben, nämlich den eokambrischen Sparagmit (vgl. HOLTEDAHL 1960), und somit die edaphischen Verhältnisse hinsichtlich des Nährstoffhaushaltes zumindest annähernd vergleichbar für alle Standorte sind.

In diesem Untersuchungsgebiet wurden an 10 Standorten (die Standorte 9 und 10 liegen ca. 5 km außerhalb des Gebietes der Abb. 12) in der im Kap. 4.1. beschriebenen Weise dendrochronologische Analysen durchgeführt (vgl. TRETER 1974, 1983), deren Ziel es war, Angaben über die Altersstruktur und die Wuchsbedingungen zu erhalten. Dazu wurden Standorte sowohl im Baumgrenzökoton als auch in der Birkenwaldstufe ausgewählt.

Für jeden dieser Standorte wurden auf der Grundlage von jeweils 10–20 Stämmen der Mittelwert der durchschnittlichen Jahresringbreite ermittelt, der ja die standörtlich längerfristigen Wuchsverhältnisse wiedergibt.

Eine Trennung der Standortsmittel nach Altersklassen ist angebracht, da die Jahresringe im frühen Alter der Bäume durchwegs breiter sind und mit zunehmenden Alter geringer werden. Dieser für alle Bäume charakteristische Alterstrend wirkt sich natürlich bei der Mittelwertsbildung der Jahresringbreiten in der Weise aus, daß ältere Bäume dadurch stets geringere mittlere Jahresringbreiten aufweisen als jüngere des gleichen Standorts.

Die Altersstruktur ist an den einzelnen Standorten durchaus verschieden. Die meisten dieser Standorte sind durch ein Altersspektrum zwischen 40–100 bzw. 40–120 Jahren ausgezeichnet, einigen Standorten fehlen entweder die älteren oder die jüngeren Jahrgänge. In dieser verschiedenen Alterstruktur spiegeln sich die von Standort zu Standort unterschiedlich ablaufenden Verjüngungs- und Regenerationsprozesse wieder, die unter dem Einfluß verschiedener Umweltfaktoren stehen und im Kap. 5 zusammenfassend behandelt werden.

Die Beziehung zwischen Jahresringbreite und Höhenlage des Standorts kann durch eine Regressionsgleichung und der daraus berechneten Regressionsgeraden dargestellt werden (Abb. 13). Für alle drei Regressionsgeraden, die getrennt für jede Altersklasse berechnet wurden, ist die gleiche Tendenz mit fast gleicher Steigung festzustellen: mit zunehmender Höhe wird die durchschnittliche Jahresringbreite geringer. (Die Regressionsgeraden für die Altersklassen 61–80 und >80 Jahre sind in ihrem Verlauf nahezu identisch und graphisch nicht mehr getrennt darzustellen). Die vergleichende Analyse der Einzelstandorte zeigt jedoch, daß es von dieser Tendenz Abweichungen gibt, die auch plausibel zu erklären sind.

Die geringste Jahresringbreite ergibt sich an den Standorten 5 und 9 für die Altersklassen 61–80 und >80, also an den für dieses Gebiet höchstgelegenen Baumgrenzen von 1160 m bzw. 1135 m. Während der Baumgrenzstandort 5 in relativer Schutzlage unterhalb des Berggipfels des 1380 m hohen Storkringla liegt (vgl. Abb. 12), befindet sich der Standort 9 dicht unterhalb des knapp 1140 m hohen Gipfels der Vardhöi. Die Wuchsbedingungen sind an diesem Standort trotz geringerer Höhe denen am höhergelegenen, aber geschützten Standort 5 gleich. Als Erklärung dafür ist die freie Exposition aus der Umgebung relativ herausragender Kuppen oder Gipfel anzusehen. Nach SCHARFETTER (1938:91) wird diese Erscheinung als sog. Gipfelphänomen bezeichnet.

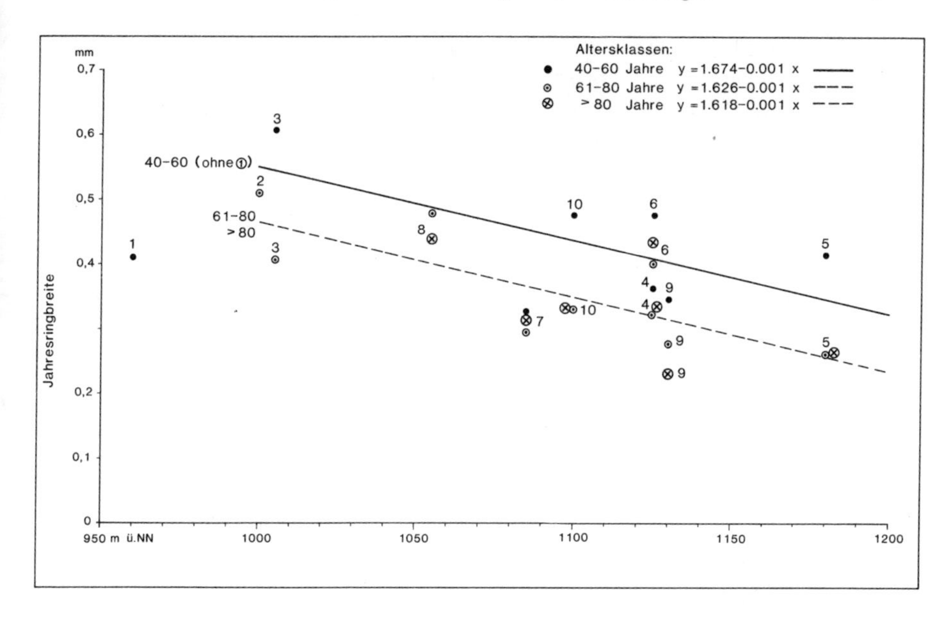

Abb. 13: Die mittleren durchschnittlichen Jahresringbreiten von Birken in Abhängigkeit von der Höhenlage der Standorte. Die Regressionsgeraden sind für jede Altersklasse getrennt berechnet. Die Lage der Standorte ist der Abb. 12 zu entnehmen.

Mikroklimatische Untersuchungen im Rondanegebiet (ZILLBACH 1981) belegen, daß unter dem Einfluß des Windes an solchen exponierten Standorten die Temperatur deutlich abgesenkt ist im Vergleich zu Standorten in geschützteren Hanglagen. Auch in den Küstengebieten SW-Norwegens sind Bergkuppen, die mit 50 und mehr Metern unterhalb der regionalen Baumgrenze liegen, stets baumfrei und die leeseitig etwas höher die Kuppe hinaufreichenden Bäume weisen den Wind als wesentlichen, wenngleich nur mittelbar verursachenden Faktor aus. In Nordfinnland sind die Scheitel und Kuppen einzelner Erhebungen, die absolut niedriger sind als die regionale Baumgrenze, wald- und baumfrei. Sie werden im finnischen Sprachgebrauch „tunturi" genannt, was baumfreie Kuppe bedeutet.

Auch am Standort 7 läßt sich die Höhe der Baumgrenze von nur 1090 m unterhalb des 1128 m hohen Gipfels des Veslekringla (Abb. 12) auf diese Gipfelphänomen zurückführen. Die Jahresringbreiten sind vergleichsweise gering und entsprechen durchaus denen der zwischen 40 und 90 m höher gelegenen Baumgrenzen der Standorte 5 und 9. Am Standort 8, 30–40 m unterhalb der höchsten Baumvorkommen am Veslekringla (7) werden durch die deutlich höheren durchschnittlichen Jahresringbreiten günstigere Wuchsbedingungen ausgewiesen, die im wesentlichen auf die Schutzlage zurückzuführen sind.

Als deutlich von dem in der Abb. 13 dargestellten Trend abweichend und daher auch nicht in die Regression mit aufgenommen, erweist sich der Standort 1. Er liegt in 960 m Höhe auf einer glazifluvialen Terrasse, deren Substrat aus groben Sparagmit-Schottern aufgebaut ist. Die Bäume stehen hier sehr vereinzelt, obgleich es die Höhenlage der Birkenwaldstufe ist. Die Jahresringbreiten der hier vorherrschenden Altersklasse 40–60 Jahre sind im Vergleich zu anderen Standorten größerer Höhe sehr gering. Ausschlaggebend dafür ist vor allem die geringe edaphische Feuchtigkeit, die sowohl auf die Substrateigenschaften als auch auf die ausgesprochen windexponierte Lage mit geringer winterlicher Schneebedeckung zurückzuführen ist.

Ganz andere edaphische Verhältnisse liegen am Standort 3 vor, der in 1005 m Höhe in einem glazifluvial überprägten Ablationsmoränengelände liegt, das durch einen kleinräumigen Wechsel von flachen Kuppen und abflußlosen Mulden gekennzeichnet ist. Auf den Kuppen, die stark windexponiert sind und nur eine geringmächtige bis fehlende winterliche Schneedecke haben, wie unschwer an der degradierten flechtenreichen *Loiseleuria*-Heide zu erkennen ist, wachsen weder Bäume noch Büsche. Sie beschränken sich auf die Mulden, die von relativ mächtigen Schneeakkumulationen erfüllt sind. Die Jahresringbreiten dieser Baumbirken sind aufgrund der günstigeren Feuchteverhältnisse zum Standort 1 in der gleichen Alterklasse wesentlich höher.

Auf der Grundlage der dendrochronologisch ermittelten durchschnittlichen Jahresringbreiten als Indikator für die komplexen Standortseigenschaften und unter Berücksichtigung einzelner und qualitativ faßbarer Standorts- und Umgebungseigenschaften ist in einem begrenzten Gebiet relativ zuverlässig abzuschätzen, welche ökologischen Faktoren im wesentlichen für die Ausbildung der lokalen Baumgrenzen verantwortlich sind.

So ist beispielsweise aus dem Vergleich der Baumgrenzstandorte 5,7 und 9 (Abb. 12) abzuleiten, daß trotz unterschiedlicher Höhenlage mit einer Differenz von fast 100 m die Bedingungen für Baumwuchs in diesen unterschiedlichen Höhen ähnlich oder gleich anzunehmen sind. Denn durch die Reliefstruktur und die dadurch bedingten unterschiedlichen Expositionen – nicht so sehr hinsichtlich der Strahlung, sondern vielmehr hinsichtlich des Windeinflusses mit allen damit zusammenhängenden Implikationen – werden im standörtlichen Bereich offensichtlich Temperaturverhältnisse geschaffen, die vom Gebietsmittel erheblich abweichen können. Auf der Grundlage dieser Ergebnisse können die Baumgrenzen der Standorte 5,7 und 9 – obwohl nicht in gleicher Höhe liegend – als sog. klimatische Baumgrenze (vgl. Kap. 2) angesehen werden.

Als weiteres Ergebnis dieser vergleichenden Untersuchung in einem relativ kleinen Gebiet zeichnet sich ab, daß der Feuchtigkeit am Wuchsstandort für die Jahresringbreite eine gewisse, im Ausmaß vorerst noch nicht abzuschätzende Bedeutung zukommt.

4.3. DIE TEMPERATUR ALS LIMITIERENDER FAKTOR

Unter den klimatischen Faktoren kommt der Temperatur eine entscheidende Bedeutung zu, wie aus der Beziehung zwischen Jahresringbreite und Höhenlage der Baumgrenze anhand der Analyse im Rondane-Gebiet erkennbar wurde.

Die Temperatur, die an einem bestimmten Standort herrscht, wird zu einem guten Teil auch von seiner Exposition mitbestimmt. Intensität und Dauer der Sonnenstrahlung sind ebenfalls von der Exposition abhängig. Je nach der Breitenlage, die den Einfallswinkel bestimmt, und je nach der Richtung der Umgebungshöhen des Reliefs kommt es jahreszeitlich zu wechselnden Horizontabschirmungen und damit zu einem unterschiedlichen Strahlungs- und Wärmegenuß der einzelnen Standorte.

In einem ausgeprägten Tälerrelief mit relativ großen Höhen der flankierenden Berge wie etwa in den Fjord- und Trogtallandschaften W- und SW-Norwegens ergibt sich bei entsprechendem Verlauf der Täler für die N- und NE-exponierten Hanglagen ein deutlich geringerer Strahlungsgenuß, so daß hier die Wald- und Baumgrenzen z.T. erheblich tiefer liegen als an S- und SW-exponierten Hängen. So beträgt im Laerdal (Indre Sogn) der Unterschied zwischen süd- und nord-exponierten Hängen für die Waldgrenze bis 120 m (VE 1940:59), im Sikkilsdalen für die Baumgrenze 70 m (NORDHAGEN 1943:20).

Die Expositionsabhängigkeit der Strahlung verringert sich mit zunehmender Breitenlage. Da gleichzeitig in weiten Teilen des skandinavischen Nordens flachwellige Rumpfflächenlandschaften mit geringen Reliefsteilheiten vorherrschen, spielt die Exposition unter den Beleuchtungsverhältnissen des Polarsommers keine wesentliche Rolle. Selbst in den Tälern der Torne Lappmark (Schwedisch Lappland) bestehen nach FRIES (1913:155) zwischen süd- und nord-exponierten Hängen Unterschiede in der Höhenlage der Waldgrenze von nur 10–20 m.

Doch welche Temperatur ist es, die den Baumwuchs höhenwärts und polwärts begrenzt? Als Faustregel für den Zusammenhang von Temperatur und Baumgrenze wird für die polare Baumgrenze die 10°C Juli-Isotherme angegeben. Sie wird auch in den Klimaklassifikationen von KÖPPEN (1931) und TROLL & PAFFEN (1964) als Abgrenzungskriterium zwischen der Boreal- und Tundrenzone verwendet.

4.3.1. Die Temperaturvariablen

Schon BROCKMANN-JEROSCH (1919) hat darauf hingewiesen, daß nicht e i n e bestimmte Mitteltemperatur, sondern die Summenwirkung der klimatischen Faktoren für die Verbreitungsgrenzen des Baumwuchses entscheidend ist. Da jedoch nicht offenliegt, welche Faktorenkombinationen wirksam sind, wird versucht, mit verschiedenen Mittelwerten, Andauer- und Schwellenwerten der Temperatur oder auch mit temperaturbedingten Größen wie Wärmesummen und Dauer der Vegetationsperiode die Lage der Baumgrenze zu begründen.

Zur Kennzeichnung der Baumgrenze als Wärmemangelgrenze werden zumeist die Temperaturmittelwerte des Juli als dem wärmsten Sommermonat, die 3-Monatsperiode Juni-August und die 4-Monatsperiode Juni-September herangezogen. Alle diese Mittelwerte werden in der Regel auf der Basis von Tagesmittelwerten errechnet, die in den standardisierten Klimahütten der meteorologischen Stationen gemessen werden.

Die Dauer der Vegetationsperiode umschließt die Zeitspanne zwischen dem Beginn und dem Ende der Assimilationstätigkeit und wird bei Laubbäumen durch den Beginn des Laubaustriebs und durch das Vergilben bzw. Verfärben des Laubes angezeigt.

Für die Birke an der Baumgrenze wäre demnach die Vegetationsperiode durch phänologische Beobachtungen vergleichsweise genau festzustellen. Praktisch ist dieses Verfahren jedoch nur an ausgewählten Standorten mit guter Zugänglichkeit durchführbar (vgl. MÜLLER 1977, LAUSCHER & LAUSCHER & PRINTZ 1955, 1959).

Die Wärmesumme errechnet sich als die Summe der Grade der Tagesmitteltemperaturen, die größer als 5°C sind (KÄRENLAMPI 1972a) und kennzeichnet die thermische Vegetationszeit, die auch durch die Anzahl der Tage mit Mitteltemperaturen von mehr als 5°C bestimmt werden kann. Sie umfaßt an der Baumgrenze Skandinaviens nach HOLTMEIER (1974:104) etwa 105–110 Tage.

Ein anderes Maß, das die Beziehung zwischen Temperatur und Wachstumsverhalten darstellt, ist die Summe der sog. Wachstumseinheiten (sum of growth units, norwegisch: vekstenhetsum) nach MORK (1968). Die Wachstumseinheiten errechnen sich als die Summe der Grade der sechs wärmsten Tagesstunden über 8°C. Die Ermittlung dieser Größe erfordert stündliche Temperaturwerte, die bei der routinemäßigen Klimadatenerfassung der Meteorologischen Stationen zumeist nicht gemessen und lediglich im Rahmen von Sondermessungen erhoben werden.

Die Vielfalt der für die Kennzeichnung der klimatischen Situation an der Baumgrenze verwendeten und in der Literatur nachzulesenden Mittel-, Andauer- und Schwellenwerte unterstreicht die Unsicherheit, die hinsichtlich der Erfassung der Beziehung von Baumgrenze und Klima besteht.

Da zumeist nur Temperaturdaten in Form von Tages- oder Monatsmittelwerten zur Verfügung stehen, stellt sich in der Regel nicht das Problem der Wahl, welche Temperaturdaten oder temperaturabhängigen Variablen zu verwenden sind.

Erschwert wird die Korrelation zwischen Baumgrenze und den zur Verfügung stehenden Temperaturwerten durch die Tatsache, daß es nur wenige direkt im Baumgrenzökoton langfristig gemessene Daten gibt. Kurzzeitige Messungen geben nur näherungsweise Aufschluß bei der außerordentlichen Variationsbreite der Witterungsabläufe an diesen Grenzstandorten. Die meisten Klimastationen liegen aus verständlichen Gründen zumeist weit unterhalb der Waldgrenze in den Tälern, so daß die auf die Baumgrenzhöhen zu beziehenden Temperaturwerte nur durch Extrapolation unter Zugrundelegung z.T. empirisch bestimmter Temperaturgradienten zu gewinnen sind. Da sich diese jedoch selbst in einem engbegrenzten Gebiet nicht stets linear mit zunehmender Höhe verhalten (vgl. MORK 1968:499), entstehen apriori Schätzfehler, die die Aussagemöglichkeit über die Beziehung zwischen Baumgrenze und Temperatur erheblich einschränken.

4.3.2. Temperatur und Baumwachstum im Baumgrenzökoton

An Beispielen aus Südostnorwegen und Nordfinnland soll die Beziehung zwischen Temperaturwerten und Jahresringbreiten für einige Standorte an der Baumgrenze näher dargestellt und erläutert werden, da aus diesen Gebieten Klimadaten und dendrochronologische Analysen (TRETER 1974, 1983) vorliegen.

Durch den Vergleich dieser Gebiete soll darüber hinaus geprüft werden, ob und wie sich unterschiedliche Klimaregime in den Jahresringreihen niederschlagen und dendroklimatologisch nachweisen lassen. Beide Gebiete haben

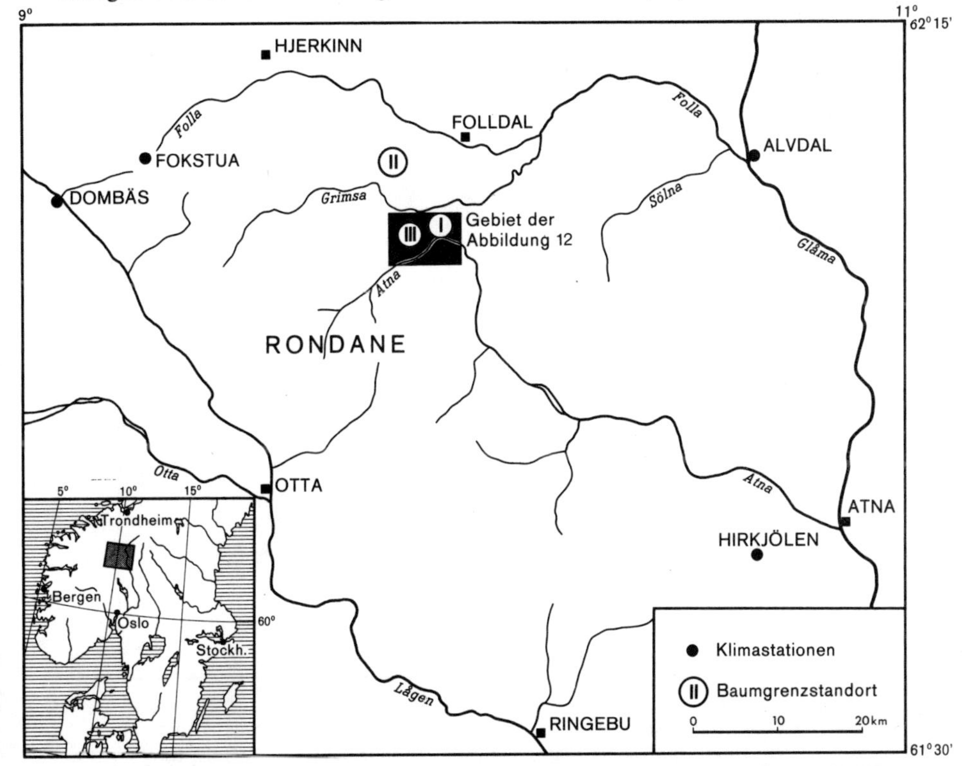

Abb. 14: Die Klimastationen Hirkjölen und Fokstua und die Baumgrenzstandorte I, II, III im Rondanegebiet in Südostnorwegen.

zwar weitgehend kontinentalen Klimacharakter, sind aber wegen der unterschiedlichen Breitenlage hinsichtlich Beleuchtung und Tagelänge durchaus voneinander verschieden.

Das Untersuchungsgebiet in Südostnorwegen liegt im Rondane-Gebiet (Abb. 14). Die dendrochronologisch untersuchten Baumgrenzstandorte in einer Höhe von 1085 m(I), 1100 m(II) und 1180 m(III) sind identisch mit den im Kap. 4.2. behandelten Standorten 7,10 und 5. An Klimadaten stehen einmal die im ca. 50 km entfernten Hirkjölen-Untersuchungsgebiet (MORK 1968) in den Jahren 1932–1966 an verschiedenen Meßstellen bis oberhalb der dortigen bei 1060 m gelegenen Birkenwaldgrenze gemessenen Daten zur Verfügung, zum anderen die von der 30 km entfernten Klimastation Fokstua (Abb. 14). Sie liegt mit einer Höhe von 952 m zwar gut 100–150 m unterhalb der durchschnittlichen regionalen Waldgrenze, ist aber aufgrund der Lage auf einer weitgespannten Fjellfläche in den Temperaturwerten fast identisch und hochsignifkant korreliert mit denen der Meßstelle in 1060 m Höhe des Hirkjölen-Gebietes, so daß die Temperaturdaten von beiden Meßstationen zur Korrelation mit den Jahresringbreiten der Baumgrenzstandorte im Rondanegebiet verwendet werden können.

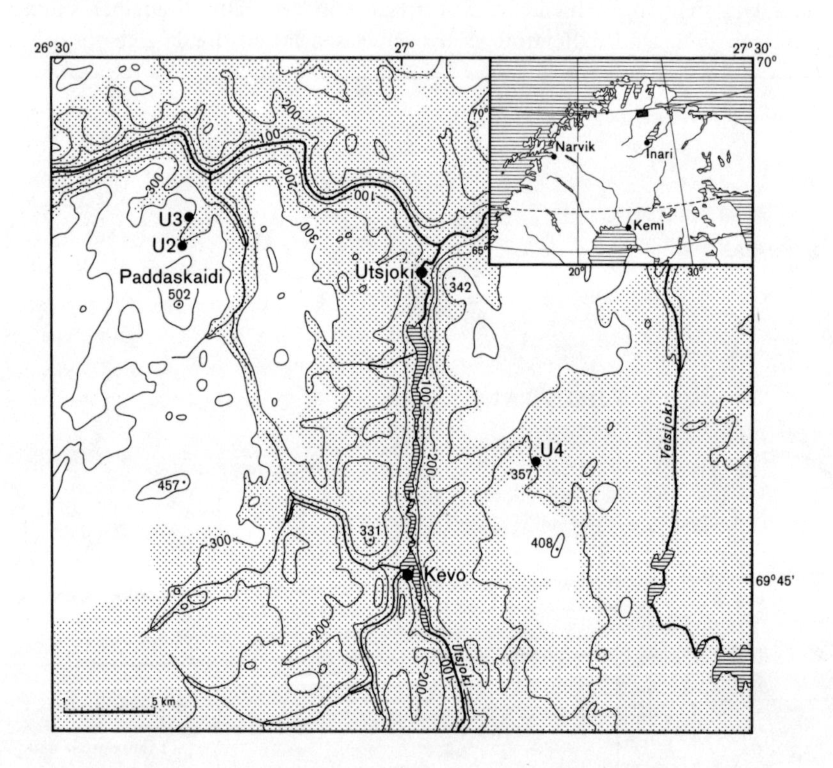

Abb. 15: Das Untersuchungsgebiet Utsjoki-Lappland in Nordfinnland mit der Forschungsstation Kevo und 3 Baumgrenzstandorten (U 2 – U 4). Die gerasterte Fläche stellt den Birkenwald bis hin zur Baumgrenze dar.

Das Untersuchungsgebiet in Utsjoki-Lappland/Nordfinnland mit drei Baumgrenzstandorten liegt in der Nähe der Forschungsstation Kevo (Abb. 15), an der im Rahmen des Internationalen Biologischen Programms (IBP) seit 1962 auch Klimadaten erfaßt werden, die über drei Jahre hinweg durch Vergleichsmessungen an der örtlichen Baumgrenze in 330 m Höhe ergänzt werden (KÄRENLAMPI 1972a). Da diese Datenreihen für eine Kennzeichnung der längerfristigen Temperaturverhältnisse an der Baumgrenze zu kurz sind, mußte auf die Temperaturdaten der ca. 75 km entfernt gelegenen Klimastation Karasjok (152 m ü.NN) zurückgegriffen werden. Mittels Korrelations- und Regressionsanalyse konnte jedoch festgestellt werden, daß die in Kevo gemessenen Daten unter Berücksichtigung entsprechender Reduktionen in guter Übereinstimmung hinsichtlich Temperaturverlauf als auch der Temperaturwerte mit denen von Karasjok stehen.

Für Südostnorwegen sind aus dem Rondanegebiet für die drei Baumgrenzstandorte die Jahresringkurven (Standortmittel aus jeweils 10 Bäumen) in der Abb. 16 dargestellt. Ihr Verlauf ist weitgehend synchron und läßt schon bei visuellem Vergleich gute Übereinstimmungen mit den verschiedenen Temperaturkurven erkennen. Weniger gute Übereinstimmungen bestehen mit der Dauer der Vegetationsperiode und den Wachstumseinheiten. Hinsichtlich der Jahresringbreiten sind die drei Standorte nur für die letzten Jahre in Verlauf und Größe identisch.

Das Ausmaß und die Güte der Übereinstimmungen zwischen Jahresringen und den Klimavariablen der benachbarten Klimastationen Hirkjölen und Fokstua wird besser als im visuellen Vergleich durch die Korrelationskoeffizienten r (Tab. 2) angegeben. Bis auf die Juni-September-Temperaturen sind alle anderen Temperaturwerte durchwegs auf dem 99.9% – bzw. 99%-Niveau signifikant. Die zwischen den einzelnen Standorten unterschiedlichen Größen der Korrelationskoeffizienten für eine bestimmte Temperaturvariable (z.B. Juli-Mitteltemperatur) spiegeln die unterschiedliche Lage der Standorte im Gelände und in gewissem Umfang auch die edaphischen Standortunterschiede wieder. So ist auch zu erklären, daß die Reaktion der Jahresringe auf den Temperaturgang von Standort zu Standort in unterschiedlicher Weise erfolgt, was durch die wechselnd großen Korrelationskoeffizienten der einzelnen Temperaturwerte wiedergegeben wird.

Zwischen der Dauer der Vegetationsperiode und den Jahresringbreiten besteht keine Korrelation, für die Wachstumseinheiten während der Vegetationsperiode ist sie gering und nur für den Standort I lediglich auf dem 95%-Niveau signifikant.

Im Vergleich der Temperaturwerte der Stationen Hirkjölen und Fokstua zeigen sich trotz der unterschiedlichen Lage nur geringfügige Unterschiede. Auch für die vergleichbaren Korrelationskoeffizienten ergeben sich keine wesentlichen Unterschiede. Es ist jedoch nicht zu übersehen, daß einige Korrelationskoeffizienten einmal für die Station Fokstua und einmal für die Station Hirkjölen „besser“ oder „schlechter“ sind.

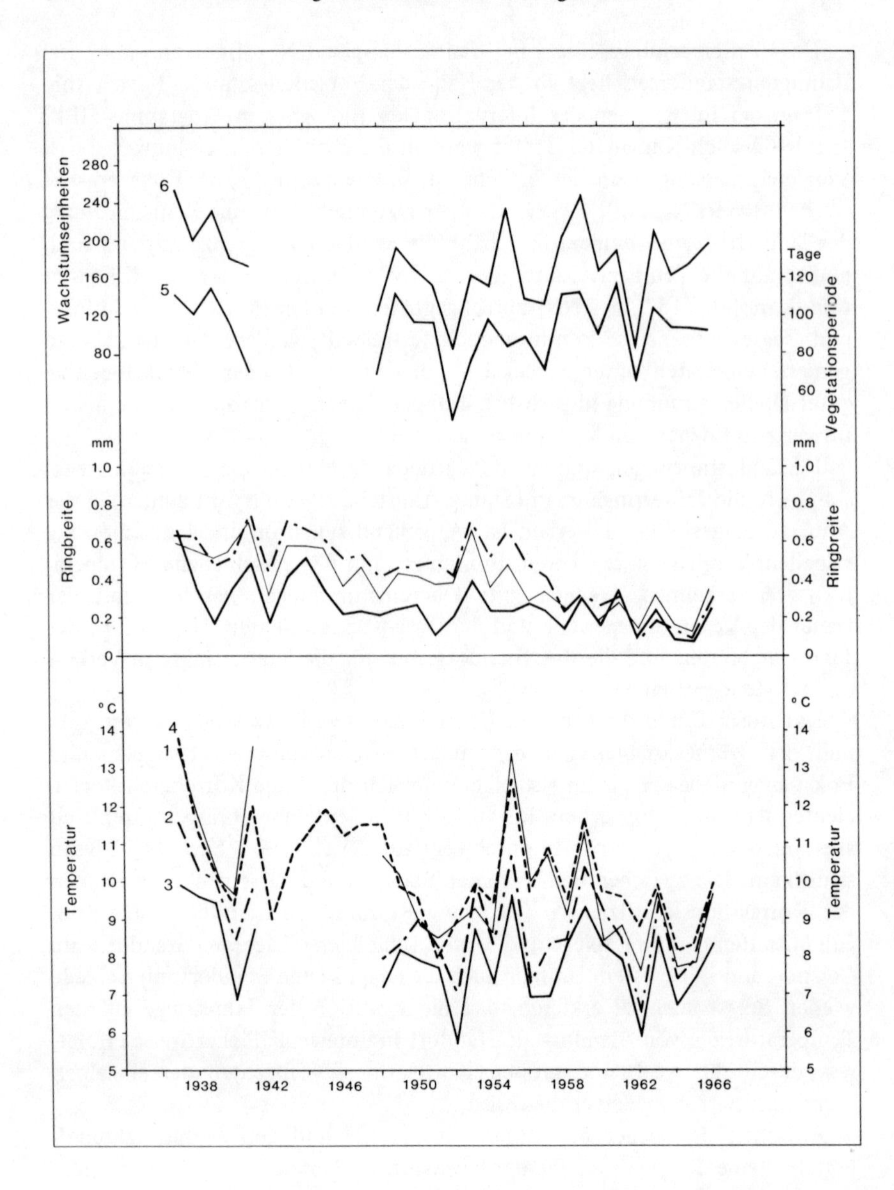

Abb. 16: Diagramm mit Jahresringkurven für den Zeitraum 1937–1966 für 3 Baumgrenzstandorte (I, II, III) im Rondanegebiet/Südostnorwegen und den entsprechenden Kurven der Temperatur, der Dauer der Vegetationsperiode und der Wachstumseinheiten der nächstgelegenen Klimastationen Hirkjölen und Fokstua (vgl. Abb. 17). – 1 Juli-, 2 Juni/August-, 3 Juni/September-Temperatur Hirkjölen, 4 Juli-Temperatur Fokstua, 5 Dauer der Vegetationsperiode in Tagen, 6 Summe der Wachstumseinheiten Hirkjölen.

Tab. 2: Korrelationskoeffizient r und Bestimmtheitsmaß r^2 für die Beziehungen zwischen den Jahresringbreiten von drei Baumgrenzstandorten (I, II, III) aus dem Rondanegebiet/Südostnorwegen und Klimavariablen der benachbarten Stationen Hirkjölen und Fokstua für den Zeitraum 1937–1966. Für die Klimavariablen sind die Mittelwerte für den gleichen Zeitraum angegeben.

Klima-Variablen	Mittelwerte für 1937–1966 an den Klimastationen		Korrelationskoeffizienten r und Bestimmtheitsmaß r^2 zwischen den Jahresringbreiten der Baumgrenzstandorte I, II, III und den Klimavariablen der Stationen Hirkjölen und (Fokstua)					
	Hirkjölen 1060 m	Fokstua 925 m	I		II		III	
			r	r^2	r	r^2	r	r^2
Vegetationsperiode in Tagen	92		0,17	0,03	–0,01	0,00	–0,06	0,00
Beginn und Ende der Vegetationsperiode	4.6.–3.9.							
Wachstumseinheiten d. Vegetationsper.	175		0,42′	0,18	0,32	0,10	0,27	0,07
Mittelmaximum-Temp. d. Vegetationsper.	13,1		0,58″	0,34	0,76‴	0,58	0,72‴	0,52
Mitteltemperatur der Vegetationsperiode	9,2		0,60″	0,36	0,75‴	0,56	0,70‴	0,49
Mittelmaximum-Temp. Juni–September	11,7		0,51″	0,26	0,55″	0,30	0,48′	0,23
Mitteltemperatur Juni–September	7,9	8,1	0,51″ (0,47″)	0,26 (0,22)	0,52″ (0,37)	0,27 (0,14)	0,46′ (0,32)	0,21 (0,10)
Mittelmaximum-Temp. Juni–August	12,7		0,62‴	0,38	0,75	0,56	0,60″	0,36
Mitteltemperatur Juni–August	8,8	8,9	0,65‴ (0,64‴)	0,42 (0,41)	0,63‴ (0,63‴)	0,40 (0,40)	0,59″ (0,58″)	0,35 (0,34)
Mittelmaximum-Temp. Juli	13,8		0,55″	0,30	0,62‴	0,38	0,64‴	0,41
Mitteltemperatur Juli	9,9	10,1	0,64‴ (0,68″)	0,41 (0,46)	0,65‴ (0,53″)	0,42 (0,28)	0,70‴ (0,63‴)	0,49 (0,40)

Signifikanzniveaus ‴ $\geqslant$ 0,999 ″ $\geqslant$ 0,99 ′ $\geqslant$ 0,95

Die Bestimmtheitsmaße r^2 der Tab. 2 zeigen an, daß je nach Standort zwischen 30 und 49% (im Durchschnitt 40%) der Gesamtvarianz der Jahresringbreiten durch die Juli- bzw. Juni/August-Temperatur und im Höchstfall bis 58% durch die Mittelmaximumtemperatur der Vegetationsperiode, die ja länger als der Juni-August-Zeitraum ist, erklärt werden. Der Rest, d.h. im Durchschnitt mehr als die Hälfte der Varianz der Jahresringbreiten wird durch andere Faktoren und Einflüsse verursacht. Dazu sind vor allem die Feuchtigkeit und die endogenen Prozesse (Aufbrauch und Rücklagen von vorjährigen Reservestoffen) zu zählen.

Für Nordfinnland zeigt die Abb. 17 für die drei Baumgrenzstandorte (vgl. Abb. 15) die Jahresringkurven (Standortsmittel von jeweils 10 Stämmen) im Vergleich zu den Kurven der Juli-, Juni/August- und Juni/September-Mitteltemperatur für den Zeitraum 1930–1980. Der Verlauf auch dieser Jahresringkurven ist ausgesprochen synchron, die Ringbreiten liegen in manchen Jahren dichter, in anderen Jahren weniger dicht beieinander. Auch das ist als Ausdruck der unterschiedlichen Reaktion auf lokaklimatische Verhältnisse unter den jeweiligen standörtlichen Lagebedingungen zu werten.

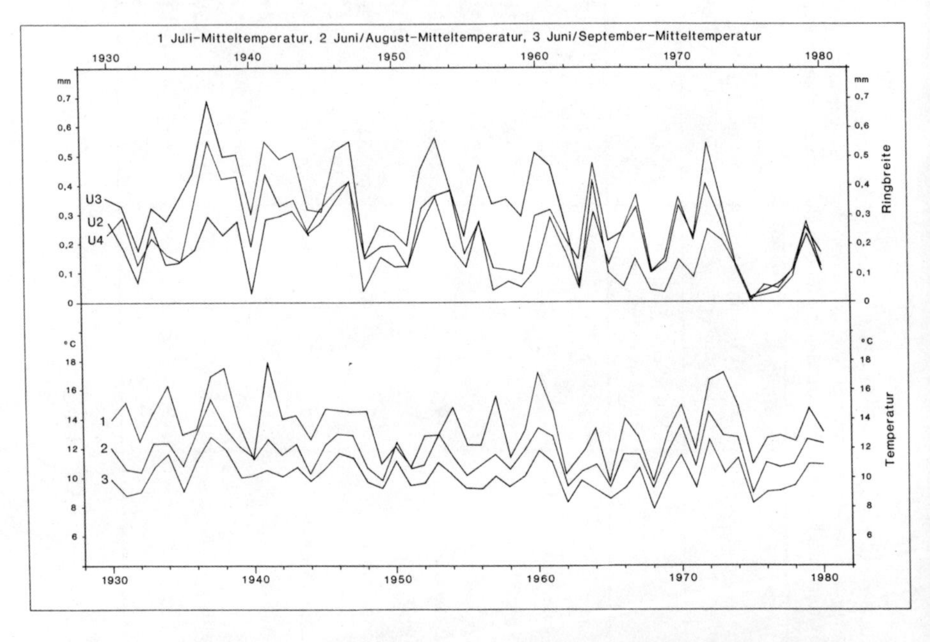

Abb. 17: Diagramm mit Jahresringkurven für den Zeitraum 1937 – 1980 für die Baumgrenzstandorte U 2, U 3, U 4 (vgl. Abb. 15) in Utsjoki-Lappland/Nordfinnland und den entsprechenden Kurven für Temperaturen der nächstgelegenen Klimastation Karasjok. 1 Juli-, 2 Juni/August-, 3 Juni/September-Mitteltemperatur.

Die große Übereinstimmung zwischen dem Verlauf der Jahresring- und der Temperaturkurven wird durch die hohen und durchwegs mindestens auf dem

99%-Niveau signifikanten Korrelationskoeffizienten belegt (Tab. 3). Bemerkenswert jedoch ist der Gegensatz zwischen den weitgehend übereinstimmenden Standorten U2 und U3 einerseits und dem Standort U4 andererseits. In dem geringen Korrelationskoeffizienten des Standortes U4 kommt seine durch die Kuppenlage bedingte Ungunst ganz offensichtlich zum Ausdruck, d.h. der lokalklimatische Einfluß ist von größerer Bedeutung als der regionalklimatische.

Tab. 3: Korrelationskoeffizienten r und Bestimmtheitsmaße r^2 der Beziehungen zwischen Jahresringbreiten nordfinnischer Baumgrenzstandorte (U2, U3, U4) und Temperaturwerten der Station Karasjok für den Zeitraum 1930–1980.

Temperaturen Station Karasjok 1930–1980	U2		U3		U4	
	r	r^2	r	r^2	r	r^2
Juli-Mitteltemp.	0,52‴	0,27	0,49‴	0,24	0,37″	0,14
Juni-August-Mitteltemp.	0,69‴	0,48	0,60‴	0,36	0,38″	0,14
Juni-Sept.- Mitteltemp.	0,63‴	0,40	0,56‴	0,31	0,35″	0,12

Signifikanzen ‴ $> 0,999$ ″ $\geq 0,99$

Die Varianz der Jahresringbreiten dieses Standortes wird durch das Bestimmtheitsmaß nur bis zu 14% durch die Juni-August-Temperatur erklärt, während für die Standorte U2 und U3 48% bzw. 30% der Varianz durch die Juni-August-Temperatur erklärt wird. Diese Werte entsprechen denen für die Baumgrenzstandorte aus dem Rondanegebiet in Südostnorwegen. Für Baumgrenzstandorte, die aufgrund ihrer Lage in hohem Maße stark vom Durchschnitt abweichenden lokalklimatischen Einflüssen ausgesetzt sind, ist eine genaue Analyse des Temperatureinflusses auf die Ausbildung von Jahresringen wohl nicht mit „weit hergeholten" Klimadaten, sondern nur mit unmittelbar „vor Ort" gemessenen Daten zuverlässig möglich.

Für die beiden untersuchten Gebiete in Südostnorwegen und Nordfinnland ist mit Hilfe der Korrelationsanalyse eine statistisch signifikante Beziehung zwischen der Sommertemperatur und der Jahresringbreite ausgewiesen worden. Signifikante Korrelationen ergeben sich stets dann, wenn hohe Temperaturen weiten Jahresringen und niedrige Temperaturen engen Jahresringen entsprechen.

Für die Erklärung der Höhenlage oder polwärtigen Lage der Baumgrenze ist es darüberhinaus jedoch wichtig zu wissen, welche Schwellentemperatur innerhalb bestimmter Monate, während der ganzen Vegetationsperiode oder langfristig nicht oder nicht zu häufig unterschritten werden darf, damit Baumwuchs noch möglich ist. Mit der Bestimmung einer solchen Temperatur wäre ein erster Schritt getan, die Lage der Baumgrenze mit e i n e m wichtigen limitierenden Faktor in Übereinstimmung zu bringen.

Auffälligstes Zeichen eines häufiger auftretenden Wärmemangels ist ein sehr langsames Wachstum. Eine theoretisch denkbare Wachstumsgrenze in dem Sinne, daß die Stoffbilanz längerfristig Null ist (vgl. SARVAS 1970) wird in der Natur aber kaum erreicht (TRANQUILINI 1967, WARDLE 1974).

Zu geringen Jahresringbreiten oder gar zu Jahresringausfällen in bestimmten, vornehmlich unteren Stammbereichen kommt es immer dann, wenn die Nettophotosynthese unter dem Einfluß ungünstiger Klimaverhältnisse oder aufgrund anderer Einflüsse (Blattverlust durch herbivore Insekten, vgl. Kap. 5.4) gerade zum „Überleben" reicht. Eine Häufung solcher Ungunstjahre führt zur Verminderung der Widerstandsfähigkeit gegenüber äußeren Einflüssen und schließlich zum Absterben.

Unter der Annahme einer linearen Beziehung zwischen Temperatur und Jahresringbreite kann mit Hilfe der Regressionsanalyse die theoretische Grenzwerttemperatur für ein „Nullwachstum" geschätzt werden. Der Achsenabschnitt a der linearen Regressionsgleichung y=a+bx (vgl. Abb. 18) gibt dabei diese untere Temperaturgrenze an. Die abhängige Variable ist die durchschnittliche mittlere Jahresringbreite eines Standortes, der hinsichtlich seiner edaphischen Verhältnisse, der Höhenlage und der Exposition nach als quasihomogen definiert ist. Aus der unabhängigen Variablen, beispielsweise der Juli- oder Juni-August-Mitteltemperatur, ist die zu erwartende Jahresringbreite näherungsweise zu schätzen. Die Güte dieser Schätzung ist u.a. abhängig von der Höhenlage und der Nähe der Klimastation, von der die entsprechenden Temperaturen für die Baumgrenze hergeleitet werden, von der Länge der benutzten Zeitreihe und vom Alter der Bäume. Das Alter der Bäume ist von Bedeutung, da ja mit zunehmendem Alter die Jahresringe in der Regel schmaler werden (Alterstrend, vgl. Kap. 4.2.) und aufgrund der allgemein regelhaften Beziehung : breite Jahresringe – hohe Temperaturen, schmale Ringe – geringe Temperaturen, die Regressionsgleichung beeinflußt werden kann.

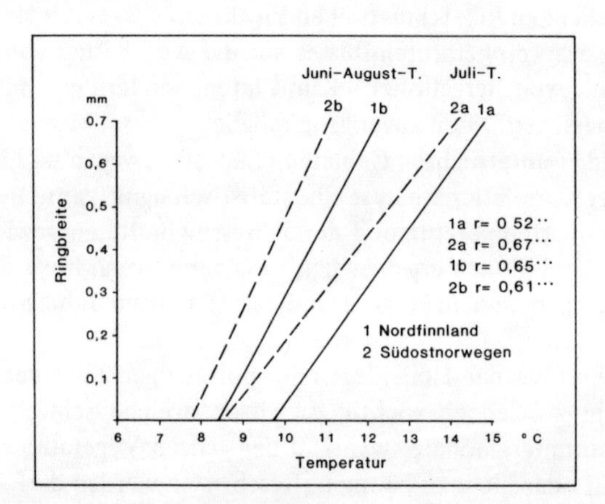

Abb. 18: Regressionsgeraden der Beziehung Temperatur zu Jahresringbreite für Baumgrenzstandorte aus Nordfinnland (1) und Südostnorwegen (2). Die Differenz der unteren Temperaturgrenzwerte für ein „Nullwachstum" ist zwischen beiden Gebieten für die Juli-Temperatur größer als für die Juni/August- Temperatur.

Für die Regressionsanalyse der Abb. 18, die den Zeitraum 1937–1966 umfaßt, wurden für das Gebiet in Nordfinnland Temperaturdaten der Station Karasjok verwendet, die auf der Grundlage der Kevo-Daten mit einem Temperaturgradienten von 0.7°/100 m auf die Baumgrenzhöhe 330 m reduziert wurden. Für das Gebiet in Südostnorwegen konnten die in 1060 m Höhe gemessenen Hirkjölen-Daten eingesetzt werden. Als Daten für die Jahresringbreiten wurden Gebietswerte auf der Basis von Standortsmittelwerten der entsprechenden Untersuchungsgebiete (s.o.) Rondane und Nordfinnland verwendet.

Aus der Abb. 18 ergibt sich, daß der Unterschied in der unteren Grenzwerttemperatur für die Juli-Mitteltemperatur zwischen beiden Gebieten mit 1.2°C größer ist, als für die Juni-August-Mitteltemperatur, wo der Unterschied nur 0.6°C beträgt. Anhand von weiteren untersuchten Baumgrenzstandorten konnten untere Grenzwerttemperaturen mit einer gewissen regionalen Gültigkeit ermittelt werden, die nicht oder nicht zu häufig unterschritten werden dürfen, damit Baumwuchs noch möglich ist.

Tab. 4: Geschätzte untere Temperaturwerte (Zeitraum 1937–1966) für ein theoretisches „Nullwachstum" an Baumgrenzstandorten in Nordfinnland und Südostnorwegen, die längerfristig nicht unterschritten werden dürfen.

	untere Temperaturwerte °C		
	Juli	Juni/August	Juni/September
Nordfinnland BG 330 m	9,1–10,0	7,7–8,6	6,8–7,3
Südostnorwegen BG 1100 m	8,1– 8,8	7,8–8,1	7,0–7,8

Für die höhere Juli-Grenzwerttemperaturen Nordfinnlands (vgl. Tab. 4) ergibt sich eine zwanglose Erklärung. Da die Minimum- wie auch die Mitteltemperaturen des Juni-September-Zeitraums, der etwa der Länge der Vegetationsperiode entspricht, für Nordfinnland deutlich geringer sind als für Südostnorwegen, muß für gleichhohe Zuwachsleistungen (Jahresringbreiten) die Julitemperatur zur Kompensation der geringeren Spätsommertemperaturen höher sein. In Nordfinnland darf also die Julimitteltemperatur längerfristig nicht unter 9°C fallen, damit Baumwuchs andauern kann, während in Südostnorwegen – bei etwas höheren Spätsommertemperaturen – das Julimittel auf 8°C absinken kann. Mit diesen Ergebnissen werden regionale Unterschiede in der Wirksamkeit bestimmter Mittel- oder Schwellenwerte deutlich, die einer pauschalen Wertangabe einer Isotherme entgegenstehen.

Obgleich die Mitteltemperatur der Sommermonate, wie schon angezeigt, durchwegs signifikant mit der Jahresringbreite korreliert ist, was auch von HUSTICH (1948) und ORDING (1941) andernorts für Kiefer und Fichte schon früher nachgewiesen wurde, ist es nicht das langjährige Temperaturmittel, sondern die Anzahl zu kalter Sommer, die die Höhenlage der Baumgrenze limitiert (MORK 1968:576).

Trotz aller Unzulänglichkeiten, die darin begründet sind, daß nur wenige Klimastationen in Baumgrenznähe vorhanden sind, lassen sich immerhin näherungsweise Aussagen über die Temperaturverhältnisse im Baumgrenzbereich Skandinaviens erzielen. Die hierzu verwendeten „Standardwerte" Juli-, Juni-August- und Juni-September-Mitteltemperaturen geben dabei Unterschiede zwischen den großen Klimaregionen recht gut wieder.

Die Juli-Mitteltemperaturen sind in den kontinental geprägten Klimaregionen Nordskandinaviens bei Baumgrenzhöhen von 300–400 m und Südostnorwegens bei Baumgrenzhöhen von 1050–1200 m mit ca. 10.5°–11.5°C am höchsten. Schon FRIES (1913) schätzte für die Waldgrenze im nördlichen Schweden (Torne-Lappmark) eine Juli-Temperatur von durchschnittlich 11°C. Mit zunehmend maritimen Einfluß sinken die Juli-Temperaturen auf 9.5°C ab. Für die Sommertemperatur (Juni bis August) gilt noch eine ähnliche, wenngleich schon deutlich abgeschwächte Tendenz.

Für die Juni-September-Temperatur kehrt sich das Verhältnis deutlich um. So liegt diese Temperatur für die küstennahe Region von Troms an der in 500 m Höhe gelegenen Waldgrenze bei etwa 9°C (BERGAN 1974), in den weniger maritimen Klimaregionen mit z.T. wesentlich höhergelegenen Wald- und Baumgrenzen nur noch zwischen 7.5° und 8.5°C, im Hirkjölen-Gebiet nach MORK (1968) bei 8.4°C (vgl. Tab. 5).

Tab. 5: Klimavariablen für die Waldgrenzen in Hirkjölen/Südostnorwegen und Troms/Nordnorwegen (nach BERGAN 1974).

Klimavariable	Hirkjölen 1060 m	Troms 500 m
Mittelmaximum-Temperatur Juni/September	13,3	12,1
Mitteltemperatur Juni/September	8,4	9,0
Wachstumseinheiten Juni/September	225	229

Die Tagesamplituden wie auch die Tagesmaximumtemperaturen sind im Küstenklima geringer als in den kontinentaleren Klimaregionen. Das kommt in den Mittelmaximum-Temperaturen der beiden Vergleichsgebiete in der Tab. 5 deutlich zum Ausdruck. Die Zahl der Wachstumseinheiten als Ausdruck der Wärmesumme ist für beide Gebiete nahezu gleich hoch. Das erklärt sich daraus, daß im maritimen Klima der Temperaturverlauf im Tages- wie im Monatsgang bei durchwegs relativ niedrigen Temperaturen ziemlich ausgeglichen ist, in den kontinentaleren Klimaten findet dagegen ein häufiger Wechsel zwischen hohen und niedrigen Temperaturen statt. In der Summe ergeben sich jeweils fast gleichhohe „Wärmesummen" bei allerdings unterschiedlichen Juni-September-Mitteltemperaturen und einem unterschiedlichen Charakter der Temperaturgänge.

Außer von der Temperatur ist die Ausbildung der Baumgrenze vom Einfluß zahlreicher anderer Faktoren abhängig, die zu einer großen lokalen Differenzierung und Modifizierung der Verbreitung und Höhenlage der Baumgrenze führen. Sie werden in den folgenden Kapiteln beschrieben und diskutiert.

4.4. DIE FEUCHTIGKEIT ALS ÖKOLOGISCHER FAKTOR

Von den bisher vom Verfasser untersuchten Standorten in den verschiedensten Regionen Skandinaviens mit unterschiedlicher Höhenlage des Baumgrenzökotons (vgl. Abb. 7) wurden in der im Kap. 4.1. beschriebenen Weise die standörtlichen mittleren Jahresringbreiten nach Altersklassen getrennt ermittelt (Tab. 6). Durch den Vergleich aller dieser Werte konnte festgestellt werden, daß die mittlere Jahresringbreite nicht wie ursprünglich vermutet von Süden nach Norden abnimmt. Es ergibt sich vielmehr eine deutliche Beziehung, die weder von der Breitenlage noch von der Höhenlage beeinflußt wird, zwischen abnehmender Jahresringbreite und zunehmender Kontinentalität.

Die Tabelle 6 zeigt nach der Breitenlage angeordnet für die untersuchten Standorte die nach Altersklassen aufgegliederten Jahresringbreiten. Für diese Übersicht wurde wegen der noch verhältnismäßig geringen Datenbasis nur grob unterteilt in eine maritim und eine kontinental geprägte Klimaregion, die bei umfangreicherem Material gewiß noch zu differenzieren wäre.

Unabhängig von der Altersklasse ist festzustellen, daß die Jahresringbreiten von Standorten mit maritimen Klimaeinfluß deutlich größer sind als von solchen mit kontinentalerem Klima. Für die Altersklasse 4 (80–120 Jahre), die an den meisten Standorten vertreten ist, ist das besonders deutlich zu erkennen. (Lediglich für das nördlichste Verbreitungsgebiet der Birkengrenze, hier repräsentiert durch einen Standort in der Nähe des Varangerfjords/Norwegen, trifft das nur bedingt zu. Möglicherweise kommt in diesen Werten bereits das subarktisch-maritime Klimaregime zum Ausdruck).

Bei diesem räumlichen Verbreitungsmuster der durchschnittlichen Jahresringbreiten ist der Verdacht naheliegend, daß zwischen der Jahresringbreite und den Feuchteverhältnissen eine unmittelbare Beziehung besteht, zumal schon bei den Untersuchungen im Rondanegebiet (vgl. Kap. 4.2.) die Feuchtigkeit als ein Faktor erkannt wurde, der die Jahresringbreite mitbeeinflußt.

Mit Hilfe einfacher linearer Korrelationen zwischen den Standorts-Jahresringkurven und den Monatsniederschlägen konnte diese augenscheinliche Beziehung zwischen Jahresringbreite und niederschlagsreichem maritimen bzw. niederschlagsärmerem kontinentalerem Klima allerdings nicht bestätigt werden.

Tab. 6: Mittlere Jahrringbreite in mm von Baumgrenzstandorten Skandinaviens getrennt nach Altersklassen für die maritime und kontinentale Klimaregion.

		Maritime Klimaregion							Kontinentale Klimaregion					
° nördl. Breite	Standort/ Höhe ü.N.N.	Altersklassen 1	2	3	4	5	6	Standort/ Höhe ü. N.N.	Altersklassen 1	2	3	4	5	6
70	Varangerfjord 220 m	–	–	0.51	0.35	–	–							
69.5	Kvaenangsfjell 450 m	–	0.82	–	–	–	–	Utsjoki-Gebiet 330 m Mittel aus 4 Standorten	–	–	–	0.33	0.26	0.22
67	Junkerdalen 850 m	–	0.72	0.60	0.43	–	–							
63	Tröndelag 850 m	–	0.60	0.50	0.42	0.36	–							
62.5	Meiadalen 1030 m	0.63	0.59	–	–	–	–							
	Dovrefjell 1145 m	–	0.78	–	0.46	–	–							
62	Breidalen/Grotli 990 m	–	0.52	0.53	0.43	–	–	Rondane-Gebiet 1100–1200 m Mittel aus 7 Standorten	0.55	0.42	0.37	0.30	–	–
	Maradalen 1170 m	–	0.55	0.51	0.41	–	–							
61.5	Sunnfjord 660 m	1.16	1.03	–	–	–	–							
61	Hörnadalen 1060 m	1.14	–	–	–	–	–							
	Mörkedalen 1070 m	–	0.80	0.66	–	–	–							
60	Hardangervidda 1050 m	–	–	–	0.49	0.40	–							

Altersklassen:
1 = 20–40, 2 = 40–60, 3 = 60–80, 4 = 80–120, 5 = 120–160, 6 = 160–200 Jahre.

Es liegt daher der Schluß nahe, daß die Zusammenhänge sehr viel komplexer sind. Denn die Feuchtigkeit wirkt als ökologischer Standortfaktor vornehmlich über den durchwurzelten Bodenraum und steht so den Pflanzen zur Verfügung. In den niederschlagsreichen maritimen Gebieten ist selbst bei unterdurchschnittlichen Niederschlagsmengen einzelner Monate das Feuchteangebot im Boden über die ganze Vegetationsperiode hinweg dennoch so reichlich, daß sich stets relativ breite Jahresringe bilden können.

Anders ist die Situation dagegen in den kontinentaleren Gebieten z.B. Südostnorwegens oder Nordskandinaviens. Die Niederschläge des Jahres und insbesondere der Sommermonate sind hier erheblich niedriger als im maritimen Klimabereich (vgl. Abb. 19) und auch die winterliche Schneedecke als wichtiges Feuchtereservoir im Frühjahr ist mit nur 30–40 cm recht niedrig. Darüberhinaus sind diese Gebiete durch eine höhere Temperatur der Monate Juni-August und damit durch eine höhere Verdunstung bei insgesamt geringerer relativer Luftfeuchtigkeit ausgezeichnet.

Bodenfeuchtigkeit ist unter diesen Bedingungen zwar in der Regel für den Baumwuchs in hinreichendem Maße vorhanden, ist jedoch hier kein Überschußfaktor wie in den maritimen Klimagebieten, in denen es unter den gegebenen klimatischen Verhältnissen zu vergleichsweise „luxurierenden“ Wuchsleistungen kommt. Nach Untersuchungen an der Kiefer (*Pinus silvestris*) von KÄRENLAMPI (1972b) im Kevo-Gebiet/Nordfinnland und SLASTAD (1957) im Gudbrandsdal/Norwegen kann in manchen Jahren in diesen kontinentalen Gebieten die Feuchtigkeit Minimumfaktor werden und damit die Anlage der Jahresringbreiten dominierend beeinflussen.

Die Korrelationen der Standorts-Jahresringkurven mit Temperaturdaten bestätigen trotz der zum Feuchtefaktor zwar ausgeprägten aber nicht präzsie faßbaren Beziehungen die „übergeordnete“ Funktion der Temperatur und deren herausragende Bedeutung für die relative Breite der Jahresringe. Auch in den maritimen Klimagebieten bestimmt in erster Linie die Temperatur die Breite der Jahresringe, auch hier gilt, daß bei höheren Temperaturen die Jahresringe breiter sind als bei niedrigen. Für die meisten der untersuchten Standorte läßt sich – angezeigt durch den stets größeren Korrelationskoeffizienten – feststellen, daß die Juli-Temperatur offenbar die größere Bedeutung gegenüber den übrigen Sommermonaten hat.

Ein unmittelbarer Einfluß der Feuchteverhältnisse auf die Höhenlage des Baumgrenzökotons ist anhand der bisherigen Untersuchungsergebnisse nicht nachzuweisen. Es ist jedoch nicht auszuschließen, daß insbesondere in den kontinentaleren Gebieten ein geringeres Feuchteangebot zwar nicht allein, aber in Verbindung mit ungünstigen Temperaturverhältnissen dem Baumwuchs ein früheres Ende setzen kann, als es den Temperaturverhältnissen bei ausreichender Feuchte entspräche.

In den maritimen Gebieten ist es dagegen nicht der Mangel, sondern gerade der Überschuß an Feuchtigkeit, der den Baumwuchs begrenzen kann. Im Baumgrenzökoton entlang der gesamten Westküste Skandinaviens ist überall dort der Baumwuchs zurückgedrängt oder sind die Bestände sehr lückenhaft,

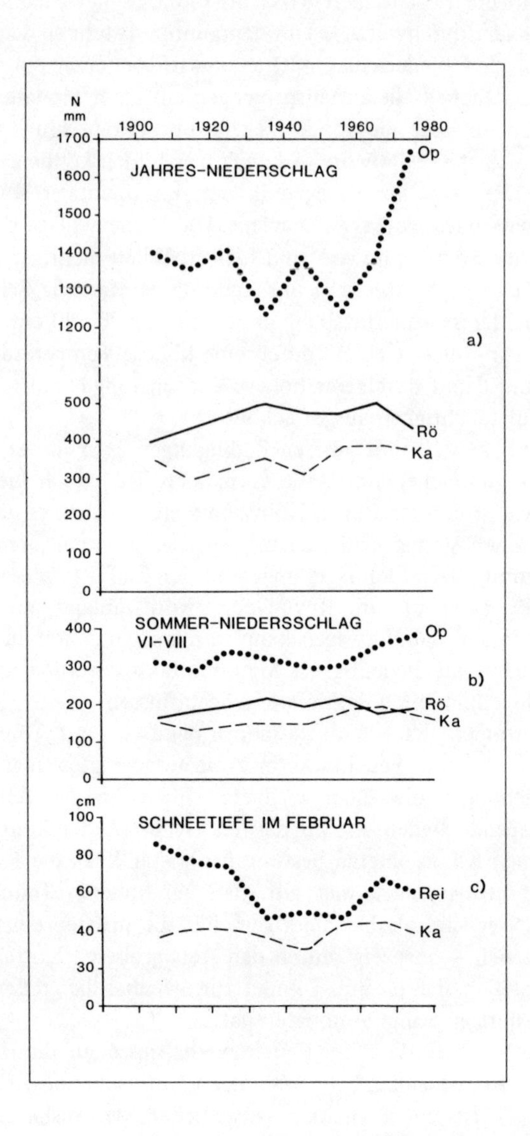

Abb. 19: Dekadenmittelwerte der Niederschlagsmengen und Schneetiefe für den Zeitraum 1900–1980. a) Jahresniederschlag, b) Sommerhalbiahr, c) Schneetiefe im Februar – Op = Opstryn/Westnorwegen, Rei = Reimegrend/Westnorwegen, Stationen in der maritimen Klimaregion; Rö = Röros/Südostnorwegen, in der subkontinentalen Klimaregion; Ka = Karasjok/Nordnorwegen, in der subpolar-subkontinentalen Klimaregion.

wo Vermoorungen und Versumpfungen verbreitet sind und durch die charakteristischen Pflanzengesellschaften gekennzeichnet sind. Das ständig oberflächennahe Grundwasser bedingt einen sauerstoffarmen Boden, in dem die Bäume keine oder nur sehr reduzierte Lebensmöglichkeiten haben. So wird auf indirektem Wege über die Feuchtigkeit die Baumgrenze an zu nassen Geländestellen, die durch eine muldenreiche Reliefstruktur noch begünstigt werden, zurückgedrängt und abgesenkt.

4.5. DER SCHNEE ALS ÖKOLOGISCHER FAKTOR

In engster Beziehung zur Feuchtigkeit steht der Schnee als ökologischer Standortsfaktor. Der Schnee als Teilkomponente des Gesamtniederschlags ist neben der Temperatur einer der wichtigsten Standortsfaktoren, die das bioklimatische Geschehen im Baumgrenzökoton beeinflussen. Die Mächtigkeit der Schneedecke und die Dauer der Schneebedeckung spielen dabei eine entscheidende Rolle. Die liegenden Wuchsformen der Birken im steilen Relief wie auch die Wuchsformen der Tisch- und Wipfeltischbirken auf den Fjellflächen sind weitverbreitete Belege für den verschiedenartigen Einfluß des Schnees.

4.5.1. Die bioklimatische Bedeutung des Schnees

Die regional durchschnittliche Mächtigkeit der winterlichen Schneedecke korrespondiert weitgehend mit der Höhe und der Verteilung des Gesamtniederschlages (vgl. Abb. 19), d.h. in den niederschlagsreichen maritimen Klimaregionen ist die Schneedecke mächtiger als in den niederschlagsärmeren kontinentaleren Klimaregionen. Auf der atlantischen Seite der Skanden S- und SW-Norwegens betragen die Schneemächtigkeiten an der Baumgrenze bis 300–400 cm, die sowohl nach Norden als auch nach Osten abnehmen. In der Senke von Tröndelag und Jämtland mit dem weit landeinwärts reichenden maritimen Klimaeinfluß sind es z.B. nur noch bis 150 cm im regionalen Mittel. Der im Lee der hohen Gebirge gelegenen Südosten Norwegens erreicht im Gebiet des nördlichen Gudbrandsdalen und im Rondane-Gebiet nur mehr Mächtigkeiten von 50–70 cm. In Nordskandinavien variiert die Schneemächtigkeit je nach dem Grad des maritimen Einflusses zwischen 50 und 100 cm (KRAVTSOVA 1972).

Die Angabe der mittleren Schneedeckenhöhe, die bei großräumigen Vergleichen die regionalen Unterschiede im Klimacharakter vermittelt, besitzt für die lokalen Standortsmuster nur wenig Aussagekraft, da die durchschnittliche Mächtigkeit und Dauer der Schneedecke erheblich durch das Zusammenwirken von Wind, Relief, Oberflächenrauhigkeit und Strahlungsexposition modifiziert wird.

Die lokale Differenzierung der Schneeverteilung ist im Gelände anhand verschiedener Merkmale auch während der schneefreien Zeit recht zuverlässig zu rekonstruieren. Die untere Bewuchsgrenze der Rindenflechte *Parmelia olivacea* an den Stämmen der Birken markiert die lokale durchschnittliche Obergrenze der Schneedecke (NORDHAGEN 1928). Der schneebedeckte untere Birkenstamm bleibt frei von dieser Flechte, die über die Schneedecke hinausragenden Stämme und Zweige sind dunkel vom mehr oder weniger dichten Flechtenbewuchs (Abb. 20). Auch die Tisch- und Wipfeltischbirken (vgl. Kap. 3.5.) kennzeichnen die durchschnittliche Schneehöhe. Die Verbreitung und das Muster von Pflanzen und Pflanzengesellschaften sind nach dem Grad ihres Schutzbedürfnisses, ihrer Windhärte und ihrer Frosttrocknisresistenz ein relativer Indikator für Mächtigkeit und Dauer der Schneebedeckung.

Abb. 20: Schematische Darstellung des Vorkommens der Rindenflechte *Parmelia olivacea* in Abhängigkeit von der Lage der Schneefläche (gerissene Linie) im Winter (nach NORDHAGEN 1928:99).

Schneemächtigkeit und Dauer der Schneebedeckung können sich sowohl positiv als auch negativ auf die Vegetation, d.h. auch auf den Baumwuchs auswirken. Eine geschlossene und ausreichend mächtige Schneedecke schützt die Pflanzen vor Erfrieren und Frosttrocknis. Bei den laubwerfenden Birken ist dieses Phänomen weniger von Bedeutung als etwa bei Koniferen (TRANQUILINI 1979).

Doch durch Schneegebläse werden mechanische Schäden vor allem an Jungpflanzen und jungen Trieben verursacht, sobald sie über die schützende Schneedecke hinausragen. Sichtbares Zeichen dafür sind die Tisch- und Wipfeltischbirken (vgl. Kap. 3.5. und Abb. 9).

Obgleich die Schneemächtigkeit für sich genommen also durchaus ein limitierender Faktor für die Höhenlage der Baumgrenze, deren Struktur und Erscheinungsform darstellen kann, tritt die Bedeutung des Schnees doch erst in Verbindung mit der den Ausaperungsverlauf bestimmenden Temperatur und Strahlung in Erscheinung, die wie die Schneemächtigkeit vom Wind, vom Relief und von der Exposition beeinflußt werden.

Zwischen Strahlungs- und Windexposition der Standorte bestehen hinsichtlich Schneeakkumulation und Ausaperungsverlauf enge Beziehungen (AULITZKY 1961). So kann es bei hoher Schneeakkumulation in den strahlungsbegünstigten Süd- und SW-Expositionen zum späteren Ausapern kommen als in Nordexposition bei sehr viel geringerer Schneemächtigkeit (vgl. Abb. 21).

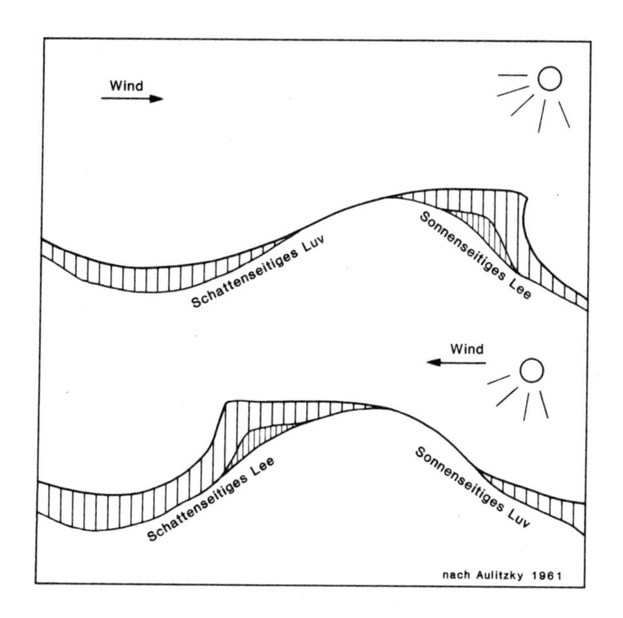

Abb. 21: Einfluß von Wind, Sonnenstrahlung und Exposition auf die Mächtigkeit der Schneedecke und die Aperzeit (nach AULITZKY 1961:163) – oben: Wind und Sonne aus entgegengesetzten Richtungen. Die Vegetationsperiode beginnt am schattseitigen Luv früher als am sonnenseitigen Lee. unten: Wind und Sonne aus gleicher Richtung. Zeitiges Frühjahr am sonnseitigen Luv, extrem späte Ausaperung am schattseitigen Lee.

Mit Hilfe der Jahresringkurven einzelner Bäume läßt sich der Einfluß des Schnees auf das Wachstum der Bäume an machen Baumgrenzstandorten unmittelbar erkennen.

Während normalerweise die Jahrringbreiten in den ersten Jahren relativ breit sind und erst in höherem Alter allmählich geringer werden, zeigen die Jahrringkurven von einigen untersuchten schneereichen Standorten ein ganz anderes Bild, wie beispielsweise an einem Standort im Gebiet von Laerdal, SW-Norwegen, wo Schneemächtigkeiten von mehr als 2 m vorkommen. Die Abb. 22 stellt einige Jahrringkurven dieses Baumgrenzstandortes dar. Unabhängig vom Alter der Bäume sind jeweils die ersten Lebensjahre durch deutlich geringere Jahrringbreiten gekennzeichnet. Erst in einem Alter von etwa 20–25 Jahren nehmen die Jahrringbreiten erheblich zu und erreichen ein Mehrfaches der ersten Jahre.

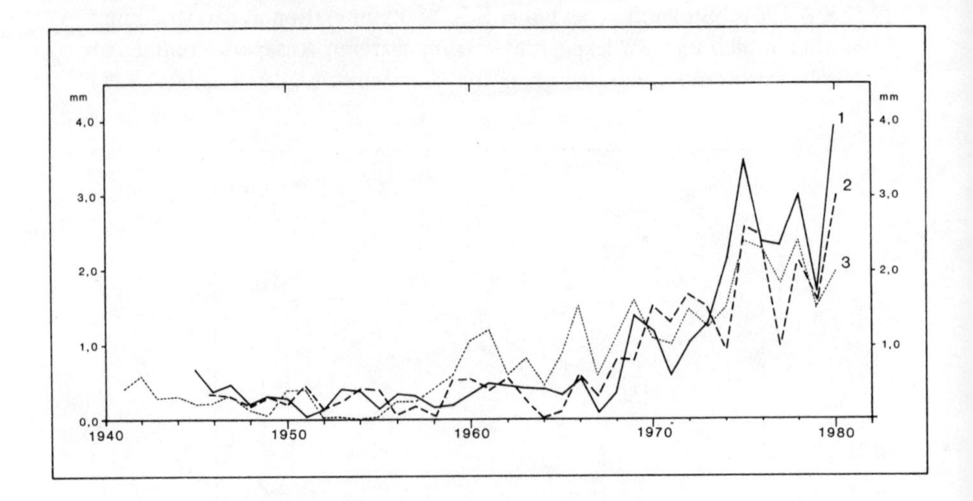

Abb. 22: Jahrringkurven von Baumgrenzbirken eines schneereichen Standortes in der maritimen Klimaregion im Laerdal-Gebiet/SW-Norwegen.

Diese Erscheinung ist im wesentlichen durch die Schneemächtigkeit und die Dauer der Schneebedeckung zu erklären. Die aus polykormen Wurzelstöcken aufwachsenden Stämme werden in den ersten Lebensjahren noch vollständig vom Schnee bedeckt. Wenn im Frühjahr der Schnee abzuschmelzen beginnt und die Temperaturen so weit gestiegen sind, daß an den über die Schneedecke hinausragenden Ästen und Zweigen sich schon die Blattknospen entfalten, sind die jüngeren, nachwachsenden Stämme noch weitgehend vom Schnee eingeschlossen. Dadurch und durch die kältere unmittelbare Umgebungstemperatur verkürzt sich für sie die Vegetationsperiode, so daß auch nur geringere Jahrringbreiten ausgebildet werden können. Erst wenn die Stämme von einem gewissen Alter an, das von der standörtlichen winterlichen Schneedecke bestimmt wird, weitgenug über die Schneedecke hinausgewachsen sind, kommen auch sie in den Genuß der vollen Vegetationsperiode. Bei den gegebenen Temperatur- und Feuchteverhältnissen werden dann breitere Jahresringe angelegt, die insbesondere unter dem Einfluß reichlicher Feuchte 2–3 mm breit werden können.

Das von FAEGRI (1972) übernommene Diagramm (Abb. 23) veranschaulicht zusammenfassend das ökologisch außerordentlich bedeutsame Zusammenwirken von Temperatur und Schneebedeckung:

In der Höhe H_1 ist die Schneemächtigkeit $A_1 - B_1$ als für den Baumwuchs günstig anzusehen, da die Schutzfunktion überwiegt. Links von A_1 wird bei zu dünner bis fehlender Schneedecke (etwa in exponierter Kuppenlage) Baumwuchs durch Erfrieren im Jugenstadium, durch Frosttrocknis und Schneegebläse stark eingeschränkt und beeinträchtigt, rechts von B_1 wird durch zu mächtige Schneebedeckung die Vegetationsperiode zu kurz. In der Höhe H_2 darf die Schneedecke nicht mehr so mächtig sein wie in der Höhe H_1, da durch die abnehmende Temperatur mit zunehmender Höhe eine gleichmächtige Schneedecke später ausapert und die Vegetationsperiode dadurch ebenfalls zu kurz werden kann. Günstige Wuchsbedingungen herrschen also nur bei einer Schneemächtigkeit A_2–B_2. In der Höhe H_3 bei O wird bei einer Schneemächtigkeit wie in der Höhe H_2 die Vegetationsperiode noch kürzer. Bei geringerer Schneedecke, die früh genug ausapert, sind die Temperaturen nicht mehr ausreichend, der Standort ist zu kältegefährdet. Baumwuchs ist also nur in den Bereichen möglich, wo zwischen der Schneedeckenmächtigkeit und dem Ausaperungsverlauf in *der* Weise ein ausgewogenes Verhältnis besteht, daß die Vegetationszeit bzw. die Sommertemperatur das erforderliche Maß erreicht.

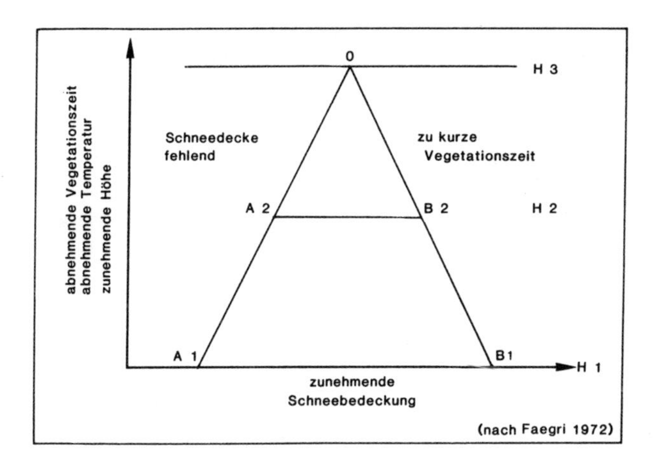

Abb. 23: Schematische Darstellung der Beziehungen zwischen Schneedecke, Höhenlage und Dauer der Vegetationszeit (nach FAEGRI 1972).

Das durch die Verbreitung, die Mächtigkeit und die Dauer der Schneebedeckung geprägte Standortsmosaik vermag also sehr wohl die Höhenlage der Baumgrenze in standörtlicher wie auch chorischer Dimension zu beeinflussen. Die häufig zu beobachtenden Lücken im relativ einheitlichen und gleichförmigen Baumbestand im Baumgrenzbereich werden verursacht durch Schneeflecken, die in Mulden oder in Lee von kleinen Kuppen und Rücken akkumuliert erst spät und die Vegetationszeit entscheidend verkürzend ausapern (TENGWALL 1920, TOLLAN 1973, KULLMAN 1979).

Der Schnee als Faktor, der eine Depression von Wald- und Baumgrenze herbeiführt, wird dann bedeutsam, wenn ganze Hänge in N-Exposition liegen und zugleich mächtige Leeakkumulationen vorkommen. Dadurch wird in Verbindung mit der ohnehin expositionsbedingten geringeren Sommerwärme die Vegetationszeit im Vergleich zu strahlungsgünstigeren Hanglagen gleicher Höhe erheblich verkürzt, wie es KNABEN (1950) aus dem Inneren Sogn-Gebiet Westnorwegens beschreibt.

4.5.2. Die mechanisch wirksamen Einflüsse des Schnees

Neben den bioklimatischen Auswirkungen der Schneedecke sind aber auch ihre mechanisch wirksamen Einflüsse in Gestalt von Lawinen, Kriech- und Gleitbewegungen sowie Setzungsvorgänge der Schneedecke für die Höhenlage und die Physiognomie von Wald- und Baumgrenze bedeutsam.

Diese Vorgänge werden neben einem komplexen Zusammenwirken zahlreicher Faktoren wie Witterungsverlauf, Beschaffenheit und Lagerung des Schnees, Geländerauhigkeit u.a. (WILHELM 1975) im wesentlichen durch Schneemenge und Hangneigung bestimmt. Sie sind daher vorzugsweise in Klima- und Reliefregionen vorherrschend, in denen die Schneemenge und zugleich die Hangneigung groß sind. Das sind vor allem die W- und SW-norwegischen Fjord- und Trogtallandschaften.

Der Einfluß der Lawinen auf die Höhenlage von Wald- und Baumgrenze zeigt sich in diesen Gebieten an der starken Zerlappung des Baumgrenzbereichs oft bis in die Birkenwaldstufe hinein. Diese Lawinenbahnen sind in der Regel frei von Birken, obgleich sie relativ widerständig gegenüber mechanischer Beanspruchung besonders in jungen Jahren sind. An die Stelle der Birken tritt in der Regel ein dichtes Weidengebüsch.

Weniger für die Höhenlage als vielmehr für die Physiognomie der Bäume und die Struktur der Baumgrenze von Bedeutung sind die langsamen hangabwärts gerichteten Bewegungen der Schneedecke, die Kriech- und Gleitschneebewegungen. Beim Schneegleiten kommt es zu einer langsamen Verschiebung der Gesamtschneedecke auf der Unterlage, während das Schneekriechen Bewegungen umfaßt, die sich innerhalb einer differenzierten Schneedecke abspielen und bei denen auch Setzungsvorgänge eine Rolle spielen. Große Schneemengen und große Hangneigungen sind entscheidend für diese Vorgänge, die zwar langsam ablaufen, aber unter Umständen einige Monate andauern können. Da die Bäume ganz oder teilweise in die z.T. mit Naßschneeschichten durchsetzten Schneedecke geradezu „eingebacken" sind, wirken auf sie z.T. erhebliche Druck- und Zugkräfte, die durch hangabwärtiges Umbiegen und Niederlegen der Stämme, Äste und Zweige beträchtliche Schädigungen zufügen können. Obgleich sich die Bäume nach der Entlastung aufgrund des negativen Geotropismus wieder aufzurichten beginnen, resultieren aus dieser alljährlichen wiederkehrenden Belastung mit der Zeit im Extremfall horizontal-liegende Baumformen (vgl. Abb. 9). Während Jungpflanzen solchen Belastungen gegenüber verhältnismäßig elastisch reagieren, kommt es bei älteren Stämmen häufig zum Bruch bzw. Ausreißen der

Stämme im Basisbereich. Solche Bruchstellen sind der Ansatzpunkt für Holzfäule, die durch Pilze unter den günstigen mikroklimatischen Bedingungen der Schneedecke verursacht wird (Abb. 24). Selbst wenn die Bruchstelle durch Kallusbildung überwachsen wird, greift die Holzfäule um sich, so daß es unter dem Einfluß dieser Kriech- und Gleitschneebewegungen zum Absterben der Stämme in einem vergleichsweise frühen Alter kommt. Die große Regenerationsfähigkeit aus Adventivknospen führt jedoch meist zu neuen Stockausschlägen und damit zu einem Fortbestand sich stets regenerierender polykormer Baumgruppen.

Durch starke Setzungsvorgänge, die überall bei großen Schneemächtigkeiten und besonders in den maritimen Klimaregionen mit zwischenzeitlichen Erwärmungsperioden während des Spätwinters eintreten, kommt es zu cha-

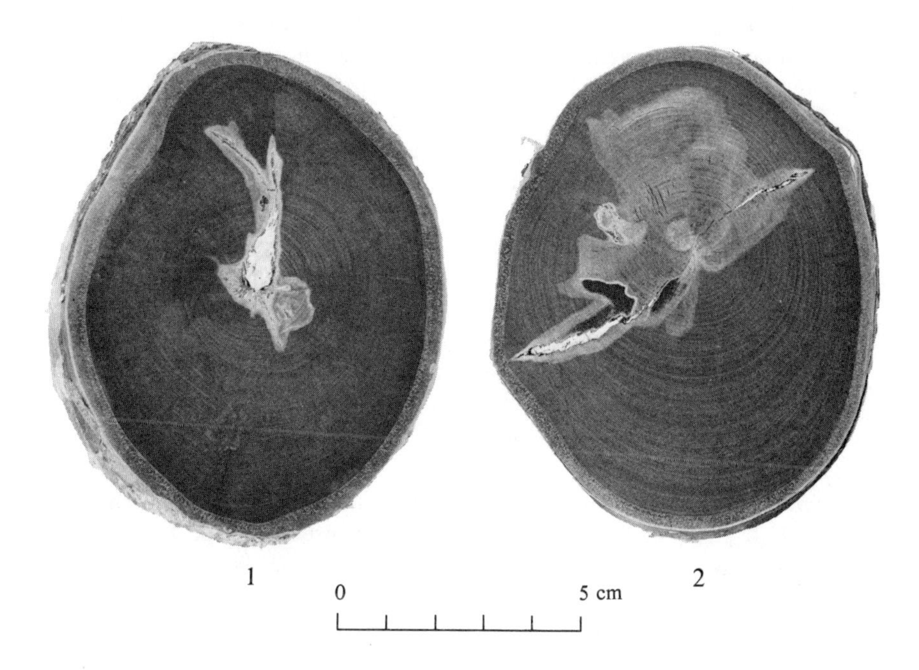

Abb. 24: Stammquerschnitte mit verwachsenen Bruchstellen, Holzverkernung (dunkle Färbung) und Pilzbefall im Bereich der Bruchstellen. Proben (1 = 66 Jahre, 2 = 34 Jahre) von Baumgrenzstandorten im Mårådalen/südwestl. Grotli/Westnorwegen.

rakteristischen Verformungen und Stauchungen der Stämme, die ebenfalls zu beträchtlichen Bruchschädigungen führen können.

In den weiten Rumpfflächen- und Inselberglandschaften Finnisch-Lapplands und der Finnmarksvidda sowie auf den hochgelegenen Rumpfflächenlandschaften Nordnorwegens sind die Schneemächtigkeiten durchwegs gering und die Hänge zumeist flach geneigt, sodaß Lawinen hier seltene Ausnaheerscheinungen sind. Kriech- und Gleitbewegungen der Schneedecke kommen jedoch auch hier vor.

4.6. DIE OROGRAPHISCHEN UND EDAPHISCHEN STANDORTSFAKTOREN

Die durch vorherrschende Reliefstrukturen gekennzeichneten Großlandschaften weisen charakteristische Verbreitungsmuster von Standorten im Range von Ökotopen und Ökotopkomplexen auf, die das Vorkommen von Bäumen und das Baumwachstum maßgeblich beeinflussen.

In den Rumpfflächen- und Inselberglandschaften des nördlichen Fennoskandiens ist die Morphologie im wesentlichen durch glaziale Überformung gestaltet. Das Zusammenspiel von Reliefmorphologie und edaphischen Faktoren bestimmt hier Verbreitung und Höhenlage der Baumgrenze und den Baumwuchs entscheidend mit. Trockene Kuppen, vermoorte Wannen und Rinnen auf sanft ansteigenden Hängen und ausgedehnte Hochflächen wechseln miteinander ab. Bäume konzentrieren sich in windgeschützten Tälchen und Hangmulden, die infolge winterlicher Schneeakkumulation auch edaphisch feuchter sind als die windexponierten Kuppen, Hänge und Hochflächen, sofern die Schneeakkumulation nicht so mächtig ist, daß durch die Verkürzung der Vegetationszeit nur Weidengebüsche oder Schneetälchengesellschaften wachsen können. An langen, sanft geneigten Hängen, die bedeckt sind von Moränenschutt und kaum ausgeprägte Reliefstrukturierungen aufweisen, klingt der geschlossene Birkenwald unter allmählicher Auflockerung bis zur Baumgrenze hin aus (vgl. HOLTMEIER (174:82).

Starke Depressionen der Waldgrenze werden in diesen Gebieten durch z.T. ausgedehnte Blockfelder hervorgerufen wie in Finnisch-Lappland z.B. auf der Ostseite des Ailigas bei Karigasniemi oder im Gebiet des Skallovarri im östlichen Utsjoki-Gebiet/Nordfinnland. Innerhalb der sterilen Blockfelder ist nur an vereinzelten feinmaterialreicheren Standorten Baumwuchs möglich, so daß hier die Baumgrenze durch eine außerordentliche Aufsplitterung weitständiger Einzelbäume oder Baumgruppen gekennzeichnet ist.

Weitere, die Baumgrenze lokal herabdrückende edaphische Faktoren sind Vermoorungen in abflußlosen Hohlformen oder kahle Kuppen ohne jede Bedeckung von Lockermaterial. Obgleich die ökologische Amplitude der Birken hinsichtlich der Standortansprüche verhältnismäßig groß ist, vermögen sie weder bei zu starker Vernässung noch bei fehlendem Feinsubstrat zu wachsen.

Ähnlich wie in diesen Gebieten des nördlichen Skandinaviens wird in den relativ hochgelegenen Altflächenlandschaften SE-Norwegens mit ihren herausragenden Gebirgsstöcken wie im Rodane-Gebiet die Höhenlage, Verbreitung und Bestandsdichte an der Baumgrenze neben dem dominierenden Wärmefaktor ebenfalls durch orographische, topographische und edaphische Standortsbedingungen gesteuert.

In den Fjord- und Trogtallandschaften der Küstenregion und des sw-lichen Norwegens wird die Höhenlage von Wald- und Baumgrenze in ganz anderer Weise vom Relief her bestimmt und beeinflußt. An den steilen Trogtalflanken wird die Baumgrenze überall dort stark herabgedrückt, wo auf den glatten, plattigen Felsoberflächen keinerlei Lockermaterialbedeckung Baumwuchs ermöglicht. Nur auf Gesimsen, trogschulterartigen Verebnungen oder Kluftspalten sind einzelne Birken oder Baumgruppen angesiedelt, die die klimatisch mögliche Höhenlage näherungsweise erkennen lassen. Geschlossener Birkenwald mit einer oft scharf ausgebildeten Obergrenze steigt die Talflanken nur soweit hinauf, wie Hangfußhalden aus Moränen- und Verwitterungsschutt hinreichende Standortsverhältnisse darstellen. Lawinenbahnen und Steinschlagrinnen entlang von Kluftlinien gliedern den geschlossenen Birkenwald und führen zu der für diese Täler charakteristischen Streifung der Talflanken (vgl. Abb. 25).

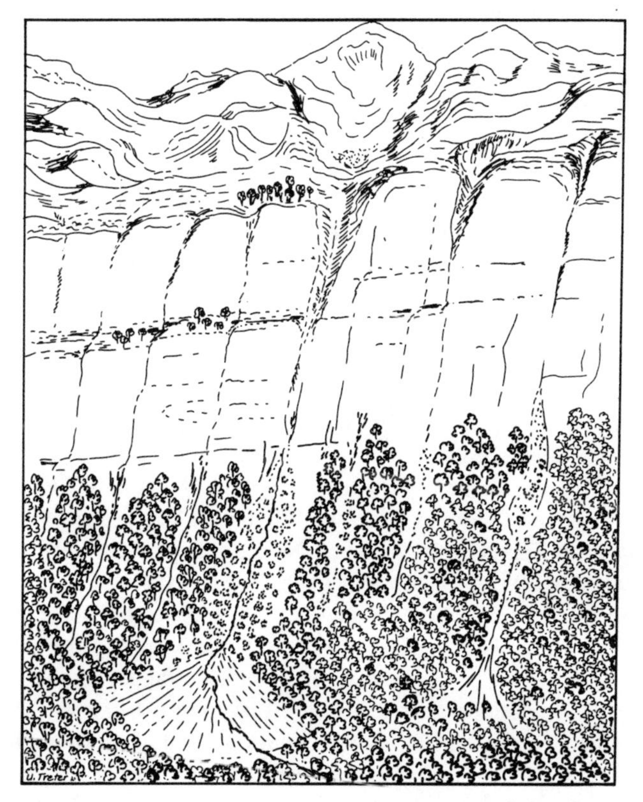

Abb. 25: Wald- und Baumgrenzen an einer Trogtalflanke der westlichen Skanden, Vetlefjord-Botn/Westnorwegen.

In den weniger steilwandigen Tälern, wo die Talflanken mit zumeist grobblockigem Verwitterungsschutt bedeckt sind, steigt der Birkenwald wie im Laerdal und Mörkedal/SW-Norwegen in geschlossener Formation kontinuierlich unter allmählicher Vereinzelung und Ausdünnung bis zur Baumgrenze auf. Wald- und Baumgrenze sind hier oft identisch und bilden eine wie mit dem Lineal gezogene Grenzlinie, die nur gelegentlich durchbrochen wird durch Muren- und Lawinenbahnen und Steinschlagrinnen und eine gewisse Zerlappung hervorrufen, die Baumgrenze jedoch nur stellenweise herabdrücken. Auch Solifluktion in Form von Solifluktionsloben, wie sie von HOLTMEIER (1974:84–85) für die Waldgrenzsituation in Troms beschrieben wird, vermag lokal die Baumgrenze zu beeinflussen.

Das Relief als wichtiger Faktor wird auch dort deutlich, wo weite Talschlüsse gegen die regio alpina, d.h. die Fjellregion hin offen sind. Diese von FRIES (1913:154–155) als Talphänomen beschriebene Erscheinung tritt insbesondere auch in Paßbereichen auf. Hier liegt die Baumgrenze in der Regel bedeutend niedriger als auf den vom Paß aus aufsteigenden Hängen. Unter diesen Reliefverhältnissen ist der Baumgrenzbereich als labile Gleichgewichtslage hauptsächlich zwischen Temperatur und Wind zu verstehen. Bei größerer Temperatur und gleichzeitig vermindertem Windeinfluß erhöht sich die Baumgrenze, die bei vermehrtem Windeinfluß und damit einhergehender verringerter Temperatur erniedrigt wird.

In den Talsohlen ist die Baumfreiheit auf häufige und intensive Nachtfröste während der Vegetationsperiode zurückzuführen. Kalte Luft fließt über die Talflanken vom offenen Fjell herunter und sammelt sich im Talgrund. Die Baumfreiheit im Paßbereich sowie die Erniedrigung der Baumgrenze entlang der Talflanken zum Paß hin ist dagegen wohl in erster Linie auf die Temperaturerniedrigung durch den Wind zurückzuführen, die verstärkt wird durch das Einfließen kalter Luft aus dem umgebenden Fjellbereich.

4.7. DER EINFLUSS DER KLIMAFAKTOREN IM BAUMGRENZÖKOTON

Die Variation der Jahrringbreiten ist Ausdruck aller an einem Standort wirksamen ökologischen Faktoren. Dabei kommt nach den bisherigen Ergebnissen der Temperatur der wesentliche Anteil zu. Auch für die Feuchte konnte ein gewisser, vorerst nicht näher bestimmter Einfluß nachgewiesen werden. Da in manchen Temperatur- wie auch Niederschlagswerten der Einfluß anderer Größen versteckt enthalten sein kann, ist ein statistisches Verfahren sinnvoll, das alle verfügbaren Klimadaten und Einflußgrößen gewissermaßen gleichzeitig mit der Jahrringbreite in Beziehung setzt. Mit der multiplen Korrelations- und Regressionsanalyse ist ein solches Verfahren gegeben.

Multiple Korrelations- und Regressionsverfahren haben zum Ziel, den relativen Einfluß jeder einzelnen bzw. aller relevanter Variablen zusammen auf der Betrag des Zuwachses (= Jahrring) zu bestimmen. Das dabei verwandte Modell geht dabei aus von einer linearen Beziehung zwischen der abhängigen Variablen, d.h. hier der Jahrringbreite, und den unabhängigen Variablen, d.h. den

Klimavariablen. Diese einfache Struktur des Modells wird dadurch gestört, daß die Klimavariablen in der Regel interkorreliert sind und es aufgrund dieser Tatsache zu Verfälschungen in der Bestimmung der sog. partialen Regressionskoeffizienten kommen kann.

Die Bestimmung der multiplen Regressionsgleichung ist eine sehr komplexe statistische Prozedur, die auf der statistischen Theorie der „kleinsten Quadrate" beruht. Da es nicht Ziel dieser Fallstudie sein kann, die statistischen Verfahren im einzelnen zu erklären, muß auf die einschlägige Literatur verwiesen werden, so auf BENDAT & PIERSOL (1966), FRITTS (1976) und andere.

Der Einfluß jeder einzelnen Variablen auf den Zuwachs wird angegeben durch einen Koeffizienten, deren addierte Einzelwerte es zulassen, den Gesamteinfluß zu ermitteln. Der partiale Regressionskoeffizient drückt den relativen Einfluß jeder unabhängigen Variablen auf die abhängige Variable aus. Der multiple Korrelationskoeffizient ist in Analogie zur einfachen Korrelation ein Maß der linearen statistischen Beziehung, die zwischen dem Satz der unabhängigen Variablen und der abhängigen Variablen besteht. Der Prozentsatz der Varianz der abhängigen Variablen, der erklärt wird durch die Regressionsgleichung, wird errechnet durch Quadrieren des multiplen Korrelationskoeffizienten und seiner Multiplikation mit 100 (FRITTS 1976, SACHS 1971). Die entsprechenden Signifikanztests werden wie für die einfache Korrelation durchgeführt.

Für die Regressionsanalyse, mit der der Klimaeinfluß auf das Baumwachstum im Baumgrenzökoton bestimmt werden kann, werden hier folgende 30 Variablen verwandt:

- Die Monatsmitteltemperaturen Mai bis September des laufenden und des vorangegangenen Jahres (= 10 Temperaturvariablen),
- die Niederschläge der Monate Januar bis September des laufenden Jahres und die der Monate Mai bis Dezember des vorangegangenen Jahres (= 17 Niederschlagsvariablen),
- die Jahrringbreiten von drei dem laufenden Jahr vorangegangenen Jahre (= 3 Vorjahresring-Variablen).

Die Auswahl dieser Variablen ist folgendermaßen zu begründen:
Die Temperaturen der Monate Juni bis August umfassen näherungsweise die Vegetationsperiode. Durch die Hinzunahme der Monate Mai und September wird der mögliche Einfluß eines früheinsetzenden Frühjahres bzw. eines verlängerten Herbstes berücksichtigt. Die Temperaturen der übrigen Monate spielen für die laubwerfenden Birken keine Rolle und wurden daher nicht berücksichtigt. Die Vorjahrestemperaturen sind insofern von Bedeutung, da beispielsweise in warmen Sommern Nährstoffreserven angelegt werden, die selbst im nachfolgend schlechten Sommer einen im Vergleich zur tatsächlichen Temperatur relativ breiten Jahresring ermöglichen.

Durch die 17 Niederschlagsvariablen, die den Zeitraum vom Mai des vergangenen Jahres bis zum September des laufenden Jahres umfassen, wird das hydrologische Jahr vollständig erfaßt. Die unmittelbaren Einflüsse der Feuchtigkeit während zweier Vegetationsperioden werden damit festgehalten sowie die der laufenden Vegetationsperiode vorangegangenen Winterniederschläge, d.h. es werden damit im wesentlichen Schneeniederschläge berücksichtgt, die als Feuchtreservoir im Frühjahr von Bedeutung sind (vgl. Kap. 4.5.).

Um der z.T. bedeutsamen Abhängigkeit der Jahresringbreite eines Jahres von den Werten der Vorjahre (Auto- bzw. Reihenkorrelation) Rechnung zu tragen, wurde ferner der Zuwachs der jeweils letzten drei Vorjahre als Einflußgröße einbezogen (s.o.).

Außer den verwendeten Temperatur- und Niederschlagsdaten stehen für einen so weiträumigen Vergleich verschiedenster Standorte in der Regel keine weiteren Klimadaten zur Verfügung. Wenn etwa Angaben über Schneetiefe und Schneedauer vorhanden sind für einige Standorte, so sind die Beobachtungsreihen zumeist nicht lang genug, um eine ausreichende Signifikanz der statistischen Prozeduren zu gewährleisten.

Zur Vergleichbarkeit der Jahrringkurven mußte der Einfluß der nichtklimatischen Faktoren und der sog. Alterstrend eliminiert werden. Hierzu diente ein von FRITTS (1963) entwickeltes Computer-Programm, mit dem eine exponentielle Ausgleichslinie nach der Methode der kleinsten Quadrate festgelegt wird. Ein dimensionsloser Jahresring-Index errechnet sich hiernach als Quotient aus der Jahrringbreite und dem Wert der Ausgleichslinie des betreffenden Jahres.

Die Beziehungen zwischen den Standorts-Jahrringkurven werden am besten mit der Prozedur einer schrittweisen multiplen Regression bestimmt. Sie bietet sich als geeignetes Verfahren an, wenn aus einer größeren Anzahl von Variablen eine kleine Anzahl ausgewählt werden soll, die relevante und signifikante Bedeutung haben (vgl. FRITTS 1976, TRETER 1981).

Tab. 7: Erklärung der Jahrringbreitenstreuung durch die multiplen Korrelationskoeffizienten (r^2, Signifikanzen größer als 95%) für Baumgrenzstandorte in Skandinavien.

°nördl. Breite	Gebiet des Baumgrenzökotons	Temperatur	Niederschlag	Temperatur u. Niederschlag	Vorjahresringbreiten	Gesamt
70	Varangerfjord	0,49	0,0	0,51	0,0	0,60
69.5	Utsjoki-Lappland	0,48	0,06	0,54	0,19	0,61
	Kvaenangsfjell	0,43	0,15	0,57	0,28	0,66
67	Junkerdalen	0,48	0,20	0,71	0,25	0,83
63	Tröndelag	0,40	0,19	0,44	0,09	0,60
62.5	Dovrefjell	0,36	0,12	0,41	0,0	0,47
	Rondanegebiet	0,66	0,23	0,76	0,0	0,76
62	Breidalen/Grotli	0,27	0,12	0,33	0,60	0,83

In der Tabelle 7 sind für ausgewählte Baumgrenzstandorte die mit der schrittweisen multiplen Regression erzielten Korrelationskoeffizienten für verschiedene Variablenkombinationen aufgeführt. Sie geben einen Überblick über Art und Umfang des Klimaeinflusses auf den Zuwachs, d.h. die Jahresringbreite. Dadurch wird eine Abschätzung möglich, welche Faktorenkomplexe von mehr oder weniger großer Bedeutung sind. Der quadrierte multiple Korrelationskoeffizient gibt nach Multiplikation mit 100 (= Bestimmtheitsmaß, vgl. SACHS 1971) den Prozentteil an, den die Temperatur, der Niederschlag, die Kombination Temperatur und Niederschlag, die Vorjahresringe oder die Summe aller relevanter und signifikanter Variablen zur Erklärung der Varianz der Jahrringkurven beitragen. Vereinfacht formuliert wird damit ausgedrückt, welchen Einfluß die Temperatur, der Niederschlag oder das Klima einzeln oder insgesamt auf die Breite der Jahresringe hat.

Für die Temperatur zeigt sich die Tendenz, daß ihre Bedeutung von Norden nach Süden abnimmt. Ausgenommen ist das Rondanegebiet in relativ kontinentaler Lage, das den höchsten Wert aufweist, d.h. 66% der Varianz der Jahresringe werden allein durch die Temperatur erklärt.

Für sämtliche Baumgrenzstandorte gilt, daß dieser Gesamteinfluß im wesentlichen durch die Temperatur der Monate Juni und Juli erbracht wird. Während die Juli-Temperatur stets hochsignifikant (99.9%) eingeht, ist der Junieinfluß von unterschiedlicher Größe und Signifikanz. Im maritimen Nordwesten ist darüberhinaus auch eine hohe August-Temperatur wachstumsfördernd und wirkt sich in der Regel positiv auf die Anlage eines breiten Jahrringes aus. Hohe Temperaturen der Monate Mai bis August des Vorjahres scheinen nach den bisherigen Untersuchungen für die kontinentalen nordskaninavischen Gebiete für größere Jahrringbreiten von Bedeutung zu sein.

Die Koeffizienten für den Gesamteinfluß des Niederschlags lassen keine in sich schlüssige Interpretation zu, da weder die maritimen noch die kontinentalen Gebiete ein einheitliches Bild zeigen. Aus der schrittweisen multiplen Regression ergibt sich jedoch die Tendenz, daß in den kontinentalen wie auch maritim-subarktischen Gebieten ein hoher Winterniederschlag sich positiv auf einen breiten Jahrring in der folgenden Vegetationsperiode auswirkt. Da zumeist ein hoher Novemberniederschlag als signifikante Einflußgröße ausgewiesen wird, wird angezeigt, daß der Schnee als Feuchtespeicher mit verzögerter Wirkung über die Bodenfeuchte im Frühjahr wirksam wird. Für die maritimen Gebiete werden positive Beziehungen zwischen hohen Frühjahrs- und Frühsommerniederschlägen (April bis Juni) zwar angezeigt, jedoch durchwegs nur auf sehr geringem Signifikanzniveau.

Insgesamt wird also die schon im Kap. 4.4. gemachte Feststellung bestätigt, daß die wachstumsrelevante Feuchte offensichtlich nicht durch so einfache Variablen wie Monatsniederschläge erfaßt werden kann. Zur genaueren Fassung des Feuchtefaktors wären demnach komplexere Daten etwa in Form von Bodenfeuchtewerten erforderlich.

Die Summe der Temperatur- und Niederschlagsvariablen spiegelt auf der Grundlage der zur Verfügung stehenden Daten den sog. Klimaeinfluß wieder.

Daß der Koeffizient dafür nicht einfach gleich der Summe der entsprechenden Koeffizienten für Temperatur und Niederschlag ist, sondern andere Werte hat, liegt im Verfahren der schrittweisen multiplen Regression begründet.

Für die maritimen Gebiete (vgl. Tab. 6) zeigt sich eine gewisse Tendenz in der Weise, daß von Norden nach Süden ein geringer werdender Betrag der Jahrringbreitenstreuung durch das Klima erklärt werden kann. Durch den geringen Wert etwa für die Breidalen-Region in SW-Norwegen wird eine Situation gekennzeichnet, die als typisch für die maritimen kühlgemäßigten Breiten angesehen werden kann, in denen ein relativ ausgeglichener Temperaturverlauf im Jahresgang herrscht. So konnten ECKSTEIN & SCHMIDT (1974) in Schleswig-Holstein für *Quercus robur* (Stieleiche) auch nur 26% der Jahrringbreitenstreuung klimatisch erklären. Insgesamt übt die Temperatur bei allen diesen „Klimawerten" einen größeren Einfluß aus als die Niederschläge.

In dem Anteil des Vorjahreszuwachses an der Gesamtvarianz, der in ziemlich weiten Grenzen streut, sind ebenfalls klimatische Einflüsse enthalten. Ob die hohen Anteile des Einflusses der Vorjahresringe für die maritimen Gebiete (Kvaenangsfjell, Junkerdalen, Breidalen) ein charakteristisches Merkmal sind, in denen lokalklimatische Besonderheiten zum Ausdruck kommen, kann erst durch weitere Untersuchungen aufgeklärt werden. Insbesondere wird der Rolle des Schnees besondere Aufmerksamkeit zu widmen sein.

5. FLUKTUATIONEN DER BAUMGRENZE

Nach NORDHAGEN (1933, zit. in KULLMANN 1981) ist der Fjellbirkenwald in seiner den heutigen Verhältnissen entsprechenden Ausprägung erst seit dem Subantlantikum verbreitet, seine Geschichte beträgt also rund 2 500 Jahre. Der entscheidende Faktor für seine in diese Zeit fallende Ausbildung ist in der Zunahme des Schneeniederschlages zu sehen, der die Verbreitung der Birke aufgrund ihrer ökologischen Ansprüche und Anpassungen begünstigte, während das vormals größere Verbreitungsareal der Kiefer schrumpfte.

5.1. URSACHEN DER BAUMGRENZFLUKTUATIONEN

Zahlreiche Beobachtungen, die in den verschiedensten Landesteilen Skandinaviens gewonnen wurden, lassen erkennen, daß die Birkenbaumgrenze – wie auch die Kieferngrenze – in den letzten Jahrzehnten mancherorts deutlich um mehrere Dekameter angestiegen bzw. sich polwärts ausgedehnt hat, andernorts dagegen stabil geblieben ist.

Als Ursache für ein Ansteigen der Baumgrenzen kommt vor allem der weltweit zu beobachtende Temperaturanstieg infrage (RUDLOFF 1967, SCHÖNWIESE 1978), der etwa um 1900 einsetzte, in den Jahren 1930–1950 seinen Höhepunkt erreichte und z.B. in Nordskandinavien einen Anstieg der Jahresmitteltemperatur um 1,5°C erbrachte (HEINO 1978). Die Bedeutung und die Auswirkungen dieses Temperaturanstiegs für die Vegetation wie auch für die Forst- und Landwirtschaft werden beispielsweise von ERKAMO (1978) und MIKOLA (1978) für Finnland dargestellt.

Daneben darf aber als weitere Ursache nicht außer acht gelassen werden, daß durch die in den gleichen Zeitraum fallende und bis heute anhaltende nachlassende Beweidungs- und Bewirtschaftungsintensität baumgrenznaher Gebiete eine Verjüngung und ein Nachrücken des Baumwuchses in frühere Positionen begünstigt wurde. Das trifft vor allem für die traditionellen Seterregionen im Süden und Südwesten Norwegens zu (vgl. GLÄSSER 1978).

Die Gleichzeitigkeit der Ereignisse – Temperaturanstieg einerseits und nachlassende Weidewirtschaft im Baumgrenzbereich andererseits – haben eine kontroverse Diskussion hinsichtlich der entscheidenden Ursache entfacht. Erschwert wird die Ursachenfindung dadurch, daß innerhalb relativ engbegrenzter Regionen und Gebiete sowohl während des letzten Jahrhunderts stabil gebliebene als auch angestiegene Baumgrenzen nebeneinander festzustellen sind. Nach AAS (1969), KULLMAN (1979) und TRETER (1982) ist davon auszugehen, daß die Baumgrenzanstiege der letzten Jahrzehnte im wesentlichen auf die Klimaverbesserung des Zeitraumes 1920–1950 zurückzuführen sind und sich ausschließlich auf diesen Zeitraum beschränken.

Das Ausmaß und der Verlauf der säkularen Klimaschwankungen kann für Skandinavien anhand der Dekadenmittelwerte der Jahres- und der Juli-Mitteltemperatur für den Zeitraum 1860–1980 am Beispiel der Stationen Opstryn, Röros und Karasjok veranschaulicht werden, die als repräsentativ für die maritime, subkontinentale und subkontinental-subpolare Klimaregion gelten können (Abb. 26).

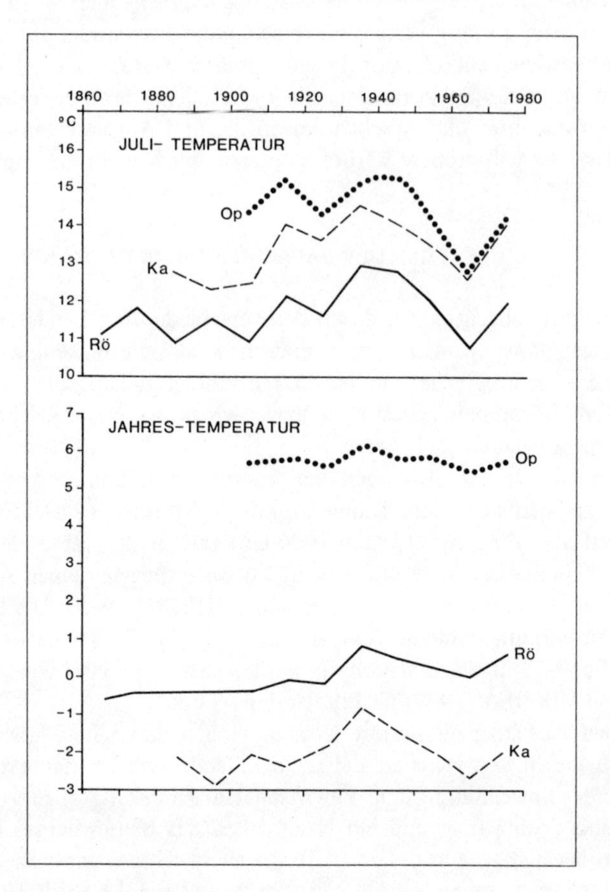

Abb. 26: Dekadenmittel der Juli- und Jahres-Mitteltemperatur für den Zeitraum 1860–1980 der Stationen Opstryn (Op)/Westnorwegen, Röros (Rö)/Südostnorwegen und Karasjok (Ka)/Nordnorwegen. Opstryn repräsentiert die maritime, Röros die subkontinentale und Karasjok die subkontinental-subpolare Klimaregion.

Nach einem allmählichen Temperaturanstieg seit 1900 wird in den Dekaden 1930–1950 bei gewissen regionalen Verschiedenheiten der Kulminationspunkt erreicht. Danach fällt die Temperatur vergleichsweise steil ab und zeigt ab 1960/70 wieder ansteigende Tendenz. Aus dem Gang der Jahrestemperatur wird ersichtlich, daß sich dieser säkulare Temperaturanstieg nicht allein auf den Sommer beschränkt – repräsentiert durch die Julitemperatur –, sondern auch die anderen Jahreszeiten umfaßt, wie es von HESSELBERG & BIRKELAND (1940, 1956) für zahlreiche Stationen Norwegens nachgewiesen werden konnte. An der Station Abisko in Nordschweden beispielsweise ist die Jahresmitteltemperatur in den letzten Dekaden um 0.5°C gegenüber den ersten Dekaden dieses Jahrhunderts von –1.0°C auf –0.5°C angestiegen. Diese Erwärmung beruht vor allem auf einer Temperaturzunahme im Hochsommer, im Herbst und Frühwinter um bis zu 1°C (SONESSON & HOOGESTEGER 1982).

Für den Baumwuchs an der Baumgrenze ökologisch relevanter Klimafaktoren ist von Bedeutung, daß gleichzeitig mit dem Temperaturmaximum 1920–1950 eine deutliche Verringerung der Schneemächtigkeit einhergeht (HESSELBERG & BIRKELAND 1941).

5.2. AUSWIRKUNGEN DER SÄKULAREN KLIMASCHWANKUNG AUF DIE BIRKENBAUMGRENZE UND DIE ÖKOLOGISCHE BEDEUTUNG DES SCHNEES

Zwischen der Sommertempertaur und dem Jahreszuwachs (= Jahrringbreite) bestehen durchwegs signifikante Beziehungen (vgl. Kap. 4.3.2.). Da also höhere Temperaturen günstigere Wachstumsbedingungen schaffen, ist zu erwarten, daß bei einem Temperaturanstieg von mehr als 1°C das Niveau der Wärmemangelgrenze angehoben wird und damit eine Erhöhung der Baumgrenze möglich ist.

Durch Vergleiche der Baumgrenzhöhen in der Zeit zwischen 1918 und 1968 konnte AAS (1969) für verschiedene Gebiete Südostnorwegens Baumgrenzanstiege, die in die Wärmeperiode 1920–1950 fallen, von durchschnittlich 40 m feststellen. Die geringsten Veränderungen ergaben sich an exponierten Geländpartien und dort, wo die Baumgrenze schon früher dicht unterhalb der Berggipfel lag (Gipfelphänomen).

Auch in Nordtröndelag und Nordland (Norwegen) sind nach VE (1951:310–312) in den Gebieten von Nordreisa, Malselven und Hattfjelldalen Baumgrenzanstiege um 40–50 m zu verzeichnen, während im maritimen westlichen Norwegen wie im Sogn-Gebiet die Baumgrenzen weitgehend unverändert geblieben sind.

Die Feststellungen des Baumgrenzanstieges etwa durch AAS und VE wurden überall dort möglich, wo frühere Baumgrenzangaben in der Literatur vorlagen und mit jüngeren Beobachtungen verglichen werden konnten.

Einen anderen Weg zur Feststellung von Baumgrenzfluktuationen in Härjedalen und Jämtland (Schweden) beschritt KULLMAN (1979), indem er entlang von Transekten (Hangprofilen) im Baumgrenzbereich die Alterstruktur der Baumgrenzbirken ermittelte. Diese Untersuchungen führten zu dem Ergebnis, daß überall dort die Baumgrenze um mehrere Dekameter gestiegen und eine Verdichtung des Baumbestandes zu beobachten ist, wo heute eine relativ mächtige Schneebedeckung herrscht, die erst spät ausapert. In Gebieten mit heute gering-mächtiger Schneedecke, die frühzeitig abschmilzt, ist im allgemeinen keine Baumgrenzverschiebung festzustellen. Diese Ergebnisse, die mit denen von AAS (1969) im besten Einklang stehen, demonstrieren in hervorragender Weise den engen Zusammenhang zwischen dem Standortfaktor Schnee (Schneemächtigkeit und Dauer der Schneebedeckung) und der vertikalen Ausdehnung und Ausbildung der Birkenhöhenstufe.

Eine im hohem Maße bioklimatische Auswirkung des Temperaturanstiegs während der wärmsten Dekaden zwischen 1930 und 1950 war neben einer durchschnittlichen Verringerung der Schneemächtigkeit vor allem die Abnahme der Dauer der Schneebedeckung (HOEL & WERENSKIOLD 1962). Dadurch veränderten sich an vielen Standorten die für die Vermehrung und Ausbreitung der Birken erforderlichen Bedingungen vor allem während der ersten entscheidenden Entwicklungsabschnitte in wesentlicher Weise.

In schneereichen Gebieten, wie sie in den westlichen Skanden, aber auch überall sonst unter dem Einfluß lokaler Standortsverhältnisse, etwa in Leelagen, verbreitet sind, herrscht zu Beginn und oft weit in die Vegetationsperiode hinein ein Übermaß an kaltem Schmelzwasser, das die Bodenoberfläche abkühlt. Der Einfluß allmählich ausapernder Schneeakkumulationen auf die Vegetationsentwicklung beruht nach PHILIP (1978) in erster Linie darauf, daß durch das kalte Schmelzwasser selbst bei schneefreiem Boden die standörtliche Wachstumsperiode erheblich verkürzt wird.

An der Baumgrenze werden auch in relativ kühlen Sommern in der Regel noch keimfähige Samen gebildet. Nach KALLIO (1982, mdl. Mitteilung) werden dort im Durchschnitt mindestens jedes 2. Jahr Samen, die zu mindestens 50% auch keimfähig sind, produziert. Eine erfolgreiche Keimung der Samen kann jedoch nur bei genügend hohen Bodentemperaturen stattfinden (MORK 1944). Wird die Bodentemperatur durch kaltes Schmelzwasser zu lange niedrig gehalten, ist eine Keimung nicht möglich. Folgen jedoch einige Sommer mit überdurchschnittlichen Temperaturen aufeinander und kommt es zu einem frühen Ausapern und zur Erwärmung der Bodenoberfläche, so bestehen günstige Keim- und Wuchsbedingungen. Sind die Jungpflanzen an solchen Standorten ersteinmal bis zu einem gewissen Alter etabliert, so vermögen sich verschlechternde Wuchsbedingungen etwa infolge wieder längerer Schneebedeckung und sich verkürzender standörtlicher Vegetationsperiode nicht mehr viel auszumachen, die Jungpflanzen können sich zu Bäumen entwickeln.

Wo in Gebieten mit normalerweise mächtiger und landandauernder Schneebedeckung während der überdurchschnittlichen Erwärmung 1930–1950 die Schneedecke weniger mächtig und von geringerer Dauer war, konnten aufgrund der für die Samenkeimung und den Aufwuchs der Keimlinge verbesserten thermischen und edaphischen Standortverhältnisse während dieses vergleichsweise langen Zeitraumes Jungpflanzen in größerer Anzahl gedeihen, die sich bis heute (1980) zu 30–50jährigen Bäumen ausgewachsen haben. Sie haben Standorte besiedelt, die 40 und stellenweise mehr als 80 m (KULLMAN 1979) über der früheren Baumgrenze liegen und die vor dem Erwärmungsmaximum zu schneereich waren und danach wieder zu schneereich wurden, als daß die Verjüngung bis heute hätte anhalten können.

In ganz anderer Weise wirkten sich die mit der Erwärmung einhergehenden veränderten Schneeverhältnisse in Gebieten aus, die normalerweise geringe Schneemächtigkeit haben. Das sind einmal die kontinentaleren Gebiete, zum anderen alle windexponierten Geländeteile überall im Baumgrenzbereich.

Die Verringerung der Schneemächtigkeit, d.h. auch der Schneemenge, und die Verkürzung der Dauer der Schneebedeckung haben an diesen Standorten zu einer zunehmenden Bodentrockenheit geführt. In Gebieten und an Standorten, die normalerweise schon relativ trocken sind, muß bei einer zunehmenden edaphischen Trockenheit, die sich insbesondere schon zu Beginn der Wachstumsperiode einstellt, schwerwiegende Folgen für die ersten Stadien der Entwicklung der Birken haben. Obgleich genügend Bodenwärme vorhanden ist, reicht die Oberflächenfeuchtigkeit zur Keimung und Keimlingsentwicklung nicht aus. Dieser in die erste Wachstumsperiode fallende limitierende Faktor ist nach KULLMAN (1981:107) von stärkerem Gewicht für die Überlebenschancen der Keimlinge, als die insbesondere an den windexponierten Geländepartien harten Bedingungen des folgenden Winters, abgesehen von dem Einfluß der Rentiere (vgl. Kap. 5.4.).

Je nach der Ausgangssituation, d.h. einerseits schneereiche, andererseits relativ schneearme Standorte und Gebiete, haben sich die im Laufe der säkularen Klimaschwankung ergebenden Veränderungen der bioklimatischen Standortverhältnisse begünstigend oder verschlechternd für eine Neubesiedlung der Birken ausgewirkt.

Daraus ergibt sich ein z.T. engräumiges Nebeneinander von Standorten und Arealen mit deutlicher Anhebnung der Baumgrenze mit solchen stabil gebliebener Baumgrenzlagen, das zwar ursächlich auf den Temperaturanstieg, letztlich aber auf die Dauer der Schneebedeckung zurückzuführen ist.

Obgleich die von KULLMAN (1979) getroffene Aussage zutrifft, daß vorwiegend in derzeit (wieder) schneereichen Gebieten Baumgrenzanstiege anzutreffen sind, ist sie oftmals gerade in diesen Gebieten nicht immer eindeutig nachzuweisen. Im Kap. 4.5.2. wurde auf die große mechanische Beeinträchtigung der Bäume und die Beeinflussung der Wuchsformen durch die Schneelast insbesondere bei großen Hangneigungen hingewiesen. Unter diesen Verhältnissen erreichen die Bäume bzw. die Einzelstämme selten ein Alter von mehr als 40–70 Jahren. Da der allmähliche Temperaturanstieg etwa um 1920 beginnt, können in dieser Zeit etablierte Jungpflanzen heute (1980) maximal 60–70 Jahre alt sein. Werden bei dendrochronologischen Altersuntersuchungen an der Baumgrenze nur Stämme dieses Alters ermittelt, ist eine eindeutige Aussage hinsichtlich eines Baumgrenzanstiegs nicht möglich, da die Einzelstämme der polykormen Birken ebensogut aus längst vorher existierenden Wurzelstöcken hervorgegangen sein können. Ein selbst ausschließlich auf die etwa 1910 einsetzende Klimaverbesserung zurückzuführendes Wiederaufwachsen aus bereits angelegten Wurzelstöcken ist jedoch nicht als echter Baumgrenzanstieg zu bewerten.

Aufgrund zahlreicher und regional recht weit gestreuter Beobachtungen, die durch eine Reihe von Autoren zusammengetragen wurden, sind folgende Verallgemeinerungen zu formulieren:

– In den maritim beeinflußten schneereichen Regionen der norwegischen Westküste sowie der südwestnorwegischen Gebirge sind nur an wenigen Stellen Baumgrenzanstiege festzustellen, die auf den Temperaturanstieg zwischen 1930 und 1950 zurückzuführen sind. Trotz der in diese Zeit fallenden Verringerungen der Schneemächtigkeit und Dauer der Schneebedeckung waren in diesen Gebieten mit durchwegs sehr mächtigen Schneedecken nur unwesentliche Veränderungen hinsichtlich des ökologisch wirksamen Schneekomplexes eingetreten, wenngleich es stellen- und gebietsweise zur Verjüngung und Verdichtung der Baumbestände gekommen ist.

–Am häufigsten sind Baumgrenzanhebungen um Beträge bis zu mehr als 40 m in den Regionen mit einem maritim-kontinentalen Übergangsklima zu verzeichnen. Hier sind durch das Zusammenwirken von Temperaturzunahme und Verkürzung der Schneebedeckung an vielen Stellen günstige Bedingungen für das generative Vorrücken der Baumgrenze geschaffen worden. Ausführliche Untersuchungen und Belege sind für diese Regionen beispielhaft durch KULLMAN (1979) für die schwedischen Provinzen Jämtland und Härjedalen vorgelegt worden.

–In den kontinentaleren, relativ schneearmen Gebieten Schwedisch- und Finnisch-Lapplands, Finnmarkens und Südostnorwegens sind die Baumgrenzen trotz dieser Wärmeperiode durchwegs stabil geblieben. Wie dendrochronologische Untersuchungen der Altersstruktur ergaben, (TRETER 1983) hat sich stellenweise die Baumgrenze in den letzten 100–200 Jahren nahezu unverändert gehalten.

–Ein auffälliges und bisher nicht zufriedenstellend erklärbares Phänomen ist, daß die Baumgrenzen, die vorwiegend von monokormen Birkenbeständen gebildet werden, in der Regel durch eine stabile und von der Wärmeperiode weitgehend unbeeinflußt gebliebene Höhenlage gekennzeichnet sind.

5.3. AUSWIRKUNGEN DER SÄKULAREN KLIMASCHWANKUNG AUF DIE KIEFERNGRENZE

Anders als bei der Birke, die selbst in den höchsten Baumgrenzlagen keimfähige Samen hervorbringt und sich damit in hervorragender Weise an die klimatischen Verhältnisse angepaßt erweist, ist die Ausbildung und Reifung der Samen bei der Kiefer von einer Reihe von warmen Sommern abhängig, da sich der Reproduktionszyklus von der Blütenanlage bis zur Keimung über bis zu fünf Jahre erstreckt.

Im Jahr der Blütenanlage muß die Temperatur des Sommers 0.5°C über dem Durchschnitt liegen. Für die Finnmark ist dafür eine Sommertemperatur (Juni-August) von 9.5°C ausreichend. Allein aufgrund dieser Voraussetzung ist schon die Periodizität der Blütenjahre abhängig von der Periodizität der klimatischen Variationen. Im nachfolgenden eigentlichen Blühjahr kann die Temperatur etwas niedriger sein. In den anschließenden beiden Jahren, in denen die Samen in den Zapfen heranreifen, muß die Sommertemperatur wieder deutlich höher sein und etwa 11 °C betragen, um eine größere Anzahl (80%) keimfähiger Samen zu bilden. Ein reiches Blühjahr oder Zapfenjahr ist daher nicht gleichzusetzen mit einem guten Samenjahr (HUSTICH 1948). Ein einziger Frost zur Unzeit oder ein kühler Sommer kann den angelaufenen Reproduktionszyklus vernichten. Noch zu Anfang unseres Jahrhunderts war wegen unzureichender Samenreife und Keimfähigkeit an den Kiefernwaldgrenzen des nördlichen Finnisch-Lapplands und Nordnorwegens nur alle 60–100 Jahre mit natürlicher Verjüngung zu rechnen (RENVALL 1912).

Als Folgen der allgemeinen Klimaverbesserung, die im Norden Skandinaviens besonders hohe Temperaturanstiege sowohl des Sommers wie auch der übrigen Jahreszeiten brachte, war für die Kiefern an der nördlichen (polaren) Waldgrenze nicht nur besseres Wachstum – ablesbar an den breiteren Jahresringen dieser Zeit – zu verzeichnen, sondern vor allem eine Häufung der Samenjahre und eine intensive Verjüngung an den Waldgrenzen (HUSTICH 1937, 1948, 1958; MIKOLA 1952, u.a.).

Ist die Verdichtung der Kiefernbestände an den Waldgrenzen durch Jungwuchs zwar die auffälligste und wesentlichste Auswirkung der säkularen Klimaschwankung, so ist doch auch ein Vorrücken der Kieferngrenze in der Vertikalen, etwa an den vom Nadelwald umgebenen Tunturis, wie in der Horizontalen in den Rumpfflächenlandschaften in nördliche Richtung überall festzustellen. Diese Ausbreitung der Kiefer hat weitgehend die gesamte vertikale und horizontale Ausdehnung der Birkenregion erfaßt und ist an mancher Stelle sogar darüber hinaus vorgedrungen. Den guten Samenjahren der Periode 1910–1950 entsprechend sind in der Birkenregion Jungkiefern dieser Alterklassen weit verbreitet.

Diese auffällige Ausbreitung der Kiefer in den Birkenwald hinein hat BLÜTHGEN (1960:125) veranlaßt, die gesamte Birkenregion zum potentiellen Wuchsgebiet der Kiefer zu zählen, was vor dem Hintergrund der postglazialen Vegetationsentwicklung durchaus verständlich ist.

Nach HOLTMEIER (1974) muß dieses vielfach beschriebene Vorrücken der Kieferngrenze infolge der häufigeren Samenjahre jedoch mit Vorbehalten betrachtet werden. Die Jungkiefern, die bis in die fünfziger Jahre hinein zu optimistischen Einschätzungen einer Kiefernausbreitung Anlaß gaben, sind inzwischen aus dem Schutz der Schneedecke herausgewachsen und den harten winterlichen Einflüssen ausgesetzt. Schon 1958 konnte HUSTICH feststellen, daß ca. 50% der Jungpflanzen abstarben, sowie sie die Schneedecke überragten. Dieses Bild der Frostschädigungen an den Wipfeln und oberen Zweigen der in die Birkenzone bis in den Baumgrenzökoton vorgeschobenen Jungkiefern ist überall zu sehen. Solche Schädigungen durch Frosttrocknis ergeben sich verstärkt, wenn infolge kühler Sommer die jungen Triebe und Nadeln nicht ausreiften und daher nicht ausreichend frostresistent sind (TRANQUILINI 1979, HOLTMEIER 1971). Es bleibt abzuwarten, ob die von der Kiefer im Zuge der säkularen Klimaverbesserung erreichten Grenzpositionen auf Dauer gehalten werden können.

5.4. TIERISCHE EINFLÜSSE IM BAUMGRENZÖKOTON

Die Vegetation im Baumgrenzökoton ist Lebensraum und Lebensstätte für zahlreiche Tiere, die ihrerseits durch mancherlei Funktionen und Lebensäußerungen wie Verbiß und selektive Äsung, Trittbelastung bis hin zur Vegetationszerstörung, Samenverbreitung u.a. die Vegetation beeinflussen oder beeinträchtigen. Unmittelbaren Einfluß auf Höhenlage, Physiognomie und Struktur der Birkenbaumgrenze üben im wesentlich nur zwei Arten aus: das Rentier (*Rangifer tarandus*) und der Grüne Spanner (*Oporinia autumnata*) bzw. dessen vikariierende Art *Operophthera brumata* auf der maritimen Westseite der Skanden.

Alle übrigen Arten vermögen eigentlich nur die Vitalität – allerdings gelegentlich auch bis zum Absterben – einzelner Bäume einzuschränken. Die Schneehühner (*Lagopus lagopus*) verbeißen Knospen und junge Triebe, so daß auf diese Weise Krüppelwuchs entstehen kann (KIHLMANN 1980). Schneehasen (*Lepus timidus*) verursachen durch Verbiß der über die winterliche Schneedecke knapp hinausragenden Triebe viele Kümmerformen des Jungwuchses. Lemminge (*Lemmus lemmus*), die in Jahren ihrer Massenvermehrung großflächig die Bodenvegetation vernichten können, sollen nach HOLTMEIER (1974:75) keine Holzpflanzen fressen.

Birkenblätter sind regelmäßiger Bestandteil der Rentiernahrung. HAUKINOJA & HEINO (1974) ermittelten für Utsjoki-Finnland während einer Vegetationsperiode eine Laubmenge von 25 kg Laubtrockengewicht/ha/Rentier. Trotz dieser vergleichsweise großen Entnahme und Beeinflussung der Birkenbäume durch Laubäsung und Verbiß entstehen für Bäume unmittelbar keine wesentliche Beeinträchtigungen. Durch eine mehr indirekte Beeinflussung werden dagegen viel größere Schäden angerichtet. Bei der winterlichen Nahrungssuche der Rentiere nach Flechten, Zwergsträuchern und Gräsern unter dem Schnee findet neben einer Zerstörung der Bodenvegetation durch Tritt und Scharren vor allem eine Beschädigung des Jungwuchses statt, der sich zumindest wachstumshemmend auswirkt und bei mehrmaliger Wiederholung zum Absterben führt. Nach ANDREEV (1954, zit. in HUSTICH 1966) vernichten die Rentiere rund 75% – nach anderen Autoren auch weniger – aller jungen Bäume an der Baumgrenze und zwar nicht nur durch mechanische Schädigung im Winter sondern auch durch Verbiß und Äsung im Sommer, wobei wohl auch häufiger Nager (Mäuse) eine gewisse Rolle spielen können. Der Anteil der Jungpflanzen, die sich unter diesen Belastungsfaktoren zu Bäumen entwickeln können, ist relativ gering. Am Paddaskaidi in Utsjoki-Finnland – wo eine starke Zunahme der Rentiere in den letzten 20 Jahren zu verzeichnen ist – konnte vom Verfasser im Sommer 1981 das Alter einer wenige Zentimeter hohen „Jungpflanze“ mit nur 5 Blättern (vgl. Abb. 27) auf mehr als 25

Jahre bestimmt werden. Charakteristisch für häufigen Verbiß ist die knollige Verdickung an der Basis (vgl. KALLIO & LEHTONEN 1973:63).

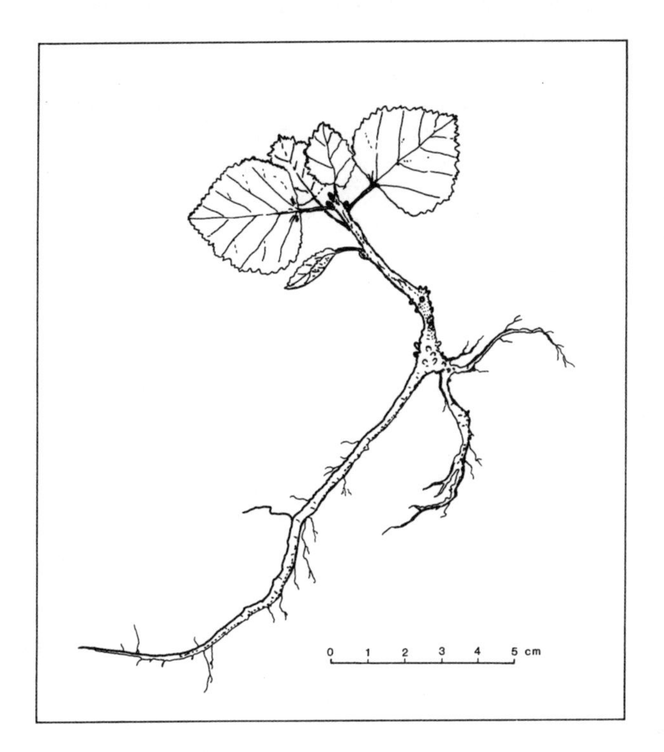

Abb. 27: Etwa 25 Jahre alte „Jungpflanze", die durch mehrfachen Verbiß zumeist von Rentieren im Wachstum stark behindert wurde. Charakteristisch für häufigen Verbiß ist die knollige Verdickung der „Stammbasis".

Neben dieser Jungwuchsschädigung, die hinsichtlich einer Bestandsverdichtung und Bestandsverjüngung an der Baumgrenze von großer Bedeutung ist, kommt es auch zu unmittelbaren Standortveränderungen vor allem im Zuge der winterlichen Futtersuche der Rentiere.

Andererseits finden auf den durch Rentiere freigelegten Bodenoberflächen die Birkensamen günstigere Keimbedingungen als in dichten Flechten- und Zwergstrauchteppichen. Jedoch fallen diese hier aufkommenden Jungpflanzen ziemlich bald der Äsung und Zerstörung durch Vertritt zum Opfer.

Insekten sind in jedem Biotop allgegenwärtig, sind ein wesentliches Glied innerhalb des Ökosystems und stehen im Regelfall mit ihm in einem langfristig ausgewogenen Gleichgewichtszustand. Erst wenn sich unter bestimmten Umweltbedingungen eine Insektenart massenweise vermehrt, gerät das bestehende Ökosystem aus dem Gleichgewicht und verwandelt sich in ein anderes. Der Grüne Spanner, die Raupe der Mottenart *Oporinia autumnata* aus der Gattung der *Geometridae* weist in einem ca. 10-jährigen Zyklus immer wieder extreme Populationsmaxima auf (TENOW 1972). Die letzte Massenvermehrung fällt in den Zeitraum 1962–1968, in dem in Nordfinnland in den Jahren 1965/66 viele Quadratkilometer Birkenwald vor allem der baumgrenznahen Lagen kahlgefressen wurden.

Ausgehend von seinen Untersuchungen im Gebiet des Ailigas bei Karigasniemi/Nordfinnland kommt NUORTEVA (1963) zu dem Schluß, daß dieser Schmetterling *Oporinia autumnata* neben dem Rentier und dem Menschen der die Birkenwaldgrenze am stärksten beeinflussende Faktor ist. Insbesondere deshalb, weil seine Wirkung sich über riesige Areale gleichzeitig in verheerender Weise erstrecken kann.

Nach dem Kahlfraß vermögen sich die Bäume durch erneuten Laubaustrieb – z.T. noch innerhalb des gleichen Jahres – zwar wieder zu erholen, zeigen aber oft in den nachfolgenden Jahren noch verminderte Wuchsleistungen. Sie sterben aber in der Regel ab, wenn der Kahlfraß in zwei aufeinanderfolgenden Jahren sich ereignet, wie in weiten Teilen des Utsjoki-Gebietes in den Jahren 1965/66 geschehen. Durch Austrieb von Basalschößlingen kann – manchmal nach Jahren der Ruhe – eine allmähliche Regeneration des Birkenbestandes und eine Zurückeroberung alter Wald- und Baumgrenzpositionen eingeleitet werden. Bei dem langsamen Wachstum der Birken im Baumgrenzbereich, die nach Jahresringmessungen des Verfassers durchschnittlich nur 0.3 mm/a betragen, dauert es Jahrzehnte, bis die frühere Ausdehnung des Birkenwaldes wieder erstanden ist. Überalterte und zumeist monokorme Birkenbestände – charakteristisch für weite Teile Nordfinnlands –, die ihre Sproßfähigkeit weitgehend eingebüßt haben, sind nach *Oporinia*-Schädigungen nicht in der Lage zur Regeneration, wie KALLIO & LEHTONEN (1973) für verschiedene Areale im Utsjoki-Gebiet zeigen konnten.

Auch eine Wiederbewaldung durch Keimlinge und Jungpflanzen ist in diesen Gebieten stark eingeschränkt, obwohl hinreichend viele keimfähige Birkensamen produziert werden. Das ist nach KALLIO & LEHTONEN (1973:68) in erster Linie auf die in den letzten Jahrzehnten stark angestiegene Zahl der Rentiere zurückzuführen, die einen hohen Beweidungsdruck ausüben. Da die proteinhaltigen Birkenblätter ein wichtiger Bestandteil der Rentiernahrung sind (HAUKIOJA & HEINO 1974), diese aber infolge der *Oporinia*-Schädigungen in ihrer Gesamtmasse stark reduziert und weigehend nur als Basaltriebe und Jungpflanzen vorhanden sind, wirkt sich die Laubäsung, die unter normalen Umständen keine wesentliche Beeinträchtigung darstellt, in *Oporinia*-verwüsteten Gebieten geradezu katastrophal aus.

Mit der Vernichtung bzw. Reduzierung des Baumbestandes durch Oporinia-Kalamitäten ergeben sich nachfolgend tiefgreifende Veränderungen im äußerst labilen Ökosystem des Baumgrenzbereiches. Der Wandel von vormals baumbestandenen Gebieten in baumlose Tundra hat außerordentliche Bedeutung für die Bodenvegetation und das Mikro- und Geländeklima und hat möglicherweise noch nicht abschätzbare Konsequenzen für die Rentierwirtschaft in diesen Gebieten (vgl. KALLIO & LEHTONEN 1973:69).

5.5. ANTHROPOGENE EINFLÜSSE IM FJELLBIRKENWALD UND BAUMGRENZÖKOTON

Die Baumgrenzbereiche in Skandinavien sind durchwegs nachhaltiger vom Menschen durch unmittelbare wie mittelbare Eingriffe beeinflußt, als es auf den ersten Blick erscheinen mag. Die Intensität und flächenmäßige Bedeutung hängt dabei von den vorherrschenden Wirtschaftsformen und ihrer Verpflechtung mit naturräumlichen Gegebenheiten ab.

Im wesentlichen sind zwei – auch geographisch zu differenzierende – Wirtschaftsformen hinsichtlich der Auswirkungen auf die Baumgrenze zu unterscheiden: die Rentierwirtschaft in Nordskandinavien und die Seterwirtschaft im südlichen und südwestlichen Skandinavien. Durch beide Wirtschaftssysteme wird sowohl durch weidende Tiere als auch durch die damit verbundene Holzentnahme für verschiedene Zwecke im Rahmen dieser Wirtschaftsformen ein starker Druck auf die Baumgrenze und auf den Fjellbirkenwald ausgeübt.

5.5.1. Finnmarken und Lappland

Die unmittelbaren Einflüsse des Menschen auf den Baumgrenzbereich – Beschaffung von Nutzholz für den Bau von Hütten, Zäunen, Rentiergehegen, Schlitten, Zeltstangen und andere Gebrauchsgegenstände sowie von Brennholz – waren und sind nach HOLTMEIER (1974) mehr lokaler Natur. Bei dem geringen Zuwachs der Bäume wirken sie sich aber vergleichsweise nachhaltig aus.

Halbwild gehalten sind die Rentiere ein quasinatürlicher Faktor und auch im Winter ganz sich selbst überlassen. Den Großteil der Schäden im Waldgrenzbereich verursachen sie in dieser vom Nahrungsmangel beherrschten Jahreszeit. Die Größe der Herden und die Auswahl der Weidegebiete ist jedoch von wirtschaftlichen Überlegungen abhängig, die letztlich alle vom natürlichen Winterfutterangebot abhängig sind. Die in den letzten Jahrzehnten erheblich gestiegene Anzahl der Rentiere und die Intensivierung und die unter ökonomischen Gesichtspunkten planmäßigere Beweidung hat eine zunehmende Belastung und Schädigung des zur Verfügung stehenden Weideareals zur Folge (KALLIO & LEHTONEN 1979:63).

Neben den durch die Rentiere bei ihrer Nahrungssuche verursachten Schäden spielen auch die mit den Wanderungen der Herden verbundenen Eingriffe des Menschen eine entscheidende Rolle. Es ist aber festzustellen, daß durch verschiedene Wandlungen der letzten Jahre (THANNHEISER 1977, THANNHEISER & TREUDE 1981) diese Eingriffe nicht mehr in diesem Umfang vorkommen. In der Umgebung der traditionellen Lappenlager erreichen die unmittelbaren Eingriffe ihr größtes Ausmaß durch das Schlagen der Birkenstämme für Brennholz und Rentierzäune besonders dadurch, daß diese Lager über lange Zeit immer wieder aufgesucht wurden. Nach THANNHEISER (1968) sind z.B. in der Finnmarksvidda weite Schlagflächen entstanden, auf denen wegen weitgehender Baumlosigkeit der Holzbedarf schließlich nicht mehr gedeckt werden konnte und daher diese Gebiete mit den Rentierherden nicht mehr aufgesucht werden können.

5.5.2. Die nordnorwegische Küstenregion

Während in den Rumpfflächen- und Inselberglandschaften Finnmarkens und Lapplands vom Relief her kaum Nutzungseinschränkungen für die Rentierwirtschaft vorliegen, kommt es in den Küstengebieten Nordnorwegens zu einer „naturräumlich gelenkten Konzentrierung der anthropogenen Eingriffe auf bestimmte Geländepartien im Waldgrenzbereich wie Trogschultern, Terrassen und ähnlichen Verebnungen an den Talhängen" (HOLTMEIER 1974:96).

Die Hangfußzonen werden von Siedlungen, Mähwiesen und kleinen Äckern eingenommen, das hochgelegene Trogschultergelände im Übergang zu den Rumpfflächen dient der Schaf- und Rentierweide. Der Birkenwald wurde auf die steilen Trogwände zurückgedrängt, sofern dort überhaupt Wuchsmöglichen bestehen, und zeichnet die Unzugänglichkeit des Reliefs deutlich nach. Nur einzelne und oft sehr alte Birkenvorposten kennzeichnen einen ursprünglich höher hinaufwachsenden Birkenwald. Eine natürliche Baumgrenze ist in der Regel nicht mehr anzutreffen.

5.5.3. Die Fjordlandschaften, die Trogtallandschaften und die Gebirge Süd- und Südwest-Norwegens

Reichweite und Intensität der anthropogenen Eingriffe, die mit der in diesen Gebieten verbreiteten Seterwirtschaft in Verbindung stehen, hängen von der mehr oder weniger großen Steilheit der Hänge und ihrer Zugänglichkeit ab. Wie in den nordnorwegischen Küstengebieten sind die steilen Trogtalflanken fast frei von jeglichem anthropogenem Einfluß. Wo jedoch ausgedehnte Verebnungen vorhanden sind, ist auch hier der Birkenwald auf die unzugänglicheren Reliefpartien zurückgedrängt. Das Gebirgsland der inneren Fjordgebiete, die hochgelegenen Tallandschaften und die Fjellhochflächen zwischen den oberen Talabschnitten von Östlandet sind das Hauptgebiet der Seterwirtschaft Norwegens. In diesen Gebieten sind die verschiedenen Einflüsse infolge dieser Weidewirtschaft im Übergangsbereich der Birkenwälder zu den Fjellweiden von größter Bedeutung und Wirksamkeit. Das Setersystem in Norwegen ist bzw. war meist verbunden mit der notwendigen Winterfutterbeschaffung, der Laub- und Grasheugewinnung. Auf den sog. Milchsetern, wo die Kuhmilch zu Butter und Käse verarbeitet wrude, wurde nach VE (1940:217) zum Kochen der Molkenkäse viel Holz verbraucht, das meistens der regio subalpina, d.h. dem Wald-Baumgrenzbereich entnommen wurde. Das Holzfällen hat die baumförmigen Birken vernichtet und da die Beweidung zugleich die vegetative Regeneration beeinträchtigte, indem der Jungwuchs ständig verbissen und zertreten wurde, ist die Waldgrenze um mehrere hundert Vertikalmeter herabgedrückt worden, so im Laerdal und Erdal (Indre Sogn) um 200–500 m (VE 1940:65).

Seit der Intensivierung der Landschaft in der zweiten Hälfte des 19. Jahrhunderts hat die norwegische Seterwirtschaft stark abgenommen (GLÄSSER 1978:84). Insbesondere im Vestlandet, wo die Steilhänge des hohen Gebirgslandes den Verkehr zwischen Dauersiedlung und Seter erschwerten, ist das Auflassen der Seter besonders weit verbreitet, wenngleich die Fernweidewirtschaft mit Schafen und Ziegen noch beibehalten wird, diese sich aber mehr auf die eigentlichen Fjellregionen beschränkt und weniger die Baumgrenze berührt. Im Östlandet zwischen Gudbrandsdalen und Österdalen, wo die Fjellregionen von den hochgelegenen Tälern aus besser zugänglich sind, ist zwar ein Rückgang der Seter zu verzeichnen, zugleich aber eine Umorientierung auf die reine Milchproduktion ohne Verarbeitung auf den Setern selbst. Dadurch, ist in den letzten Jahrzehnten vor allem die Holznutzung stark zurückgegangen, was zu einer deutlichen Erholung der Birkenwälder und eine Zurückeroberung ursprünglicher Wald- und Baumgrenzpositionen durch Jungwuchs zur Folge hat. Die aufgelassenen Setergebäude sind zum Teil im Zuge des modernen Fremden- und Naherholungsverkehrs zu Freizeit- und Wochenendhäusern umgebaut und durch neue Hüttengebäude ergänzt worden. Auch durch diese Nutzungsform sind Beeinträchtigungen im Baumgrenzbereich durch gelegentliche Holzentnahme und Trittbelastung zu beobachten, wenngleich nicht in solchem Ausmaß wie durch die frühere Seterwirtschaft.

Allgemein hat durch den Rückgang der Seterwirtschaft die vorwiegend lokal wirksame Beeinflussung der Wald- und Baumgrenze aufgehört und zumindest zu einer Verdichtung der stark aufgelichteten Baumbestände geführt.

6. ÖKOLOGISCHE UND PHYSIOGNOMISCHE TYPEN DES BAUMGRENZÖKOTONS

Den zahlreichen ökologischen Einflüssen entsprechend präsentiert sich die Baumgrenze in vielfältigen Erscheinungsformen. Dabei lassen sich zwei Haupttypen unterscheiden, die stark verallgemeinert auch regionale Verbreitungsschwerpunkte aufweisen. In den kontinental-subkontinentalen und subarktischen nordborealen Gebieten der Rumpfflächen- und Inselberglandschaften wie auch in den subkontinentalen, oberen oroborealen Gebieten Südostnorwegens mit hochgelegenen Altflächen kommt es zu einer stark aufgelösten, diffusen Baumgrenze mit oftmals weit vorgeschobenen einzelnen Bäumen. Diese auffällige Aufsplitterung der Baumgrenze spiegelt nach BLÜTHGEN (1960:133) die verschärften lokalklimatischen Kontraste wider, die weitgehend durch die Topographie bestimmt werden. Hier reagiert die Birke ganz besonders stark auf lokalklimatische Gunst (vgl. Kap. 4.2.). Im deutlichen Gegensatz dazu stehen die vorwiegend maritimen Klimaeinflüssen ausgesetzten Fjord- und Trogtallandschaften auf der Westseite der Skanden, wo die Birkengrenze in viel stärkerem Maße linear verläuft bzw. höchstens durch Schuttströme, Lawinenbahnen und kahle Felspartien zerlappt wird.

Die horizontale bzw. vertikale Ausdehnung des Baumgrenzökotons ist für diese beiden Haupttypen unterschiedlich, bei linearer Baumgrenze enger als bei diffuser Baumgrenze.

An einigen ausgewählten Beispielen, die keineswegs das breite Spektrum des vielfältigen und vielgestaltigen Phänomens Birkenbaumgrenze wiedergeben können, sollen im Sinne einer allgemeinen Zusammenfassung charakteristische, auf Geländebeobachtungen basierende Baumgrenztypen dargestellt und in den Zusammenhang mit den wesentlichsten ökologischen Standortfaktoren gebracht werden.

6.1. DER NORDSKANDINAVISCHE TISCHBIRKEN – BAUMGRENZTYP

Auf den weiten relativ ebenen Rumpfflächenlandschaften Nordnorwegens und Nordfinnlands ist dieser Typ in erster Linie verbreitet und soll an einem Beispiel von der Varangerhalbinsel/Nordwegen vorgestellt werden.

Die Talflanken des Varangerfjordes sind – soweit anthropogene Eingriffe nicht vorliegen – mit hochstämmigem polykormen Buschwald bewachsen. Unterhalb des Übergangs zum ebenen Gelände der Rumpfflächen nimmt die Höhe der aufrechtwachsenden Bäume ab und schließlich wachsen ab einer Höhe von 190–200 m nur noch in geschützten Muldenlagen einzelne polykorme Birkenbaumgruppen mit aufrechtem Wuchs (Abb. 28). Der Charakter des Baumgrenzökotons wird im wesentlichen geprägt durch die sehr vereinzelt wachsenden bis ca. 1 m hohen Tafel- bzw. Tischbirken, die gelegentlich auch als Wipfeltischbirken ausgebildet sind (vgl. Kap. 3.5.). Die obere Grenze der diffus verbreiteten Tischbirken liegt bei ca. 230–240 m, die Ausdehnung des Baumgrenzökotons zwischen ca. 200 und 240 m ü. N.N. ist entsprechend der wechselnden Reliefverhältnisse von unterschiedlicher Breite. In der landschaftsprägenden Formation der Tischbirken kommen die vorherrschenden Faktoren zum Ausdruck, die einen Baumwuchs sowohl ermöglichen als auch beschränken. Die Höhe der Tischbirken, die je nach Standort und Exposition im Gelände zwischen 0.3 und 1.0 m betragen kann, steht in engster Beziehung zur Höhe der winterlichen Schneedecke. Alles was darüber hinaus wächst, stirbt infolge der Eisgebläsewirkung bei winterlichen Schneetrieb ab. Die Verteilung der Schneemächtigkeiten hängt im wesentlichen vom Kleinrelief und dem lokalen Windfeld ab.

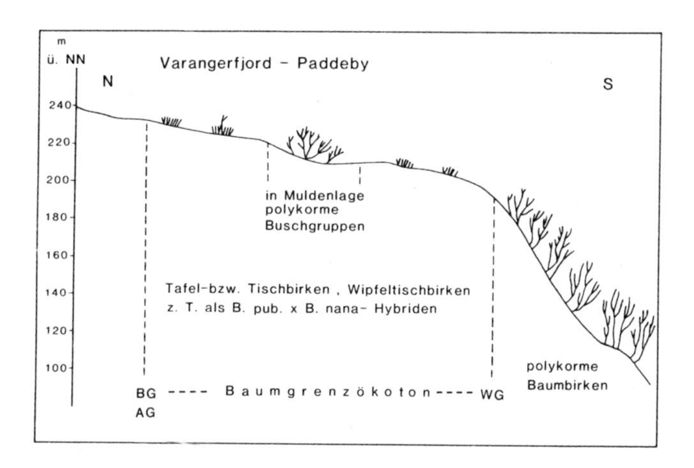

Abb. 28: Baumgrenztyp der nordskandinavischen Tischbirkenformation am Beispiel eines Standortes vom Varangerfjord. (Schematische Darstellung, Baumhöhen nicht maßstabsgerecht).

Neben der Temperatur, die auch hier – wie überall an den Baumgrenzen – als Baumwuchs-limitierender Faktor angesehen werden muß, bestimmt der Faktor Schneemächtigkeit in seiner standörtlichen Differenzierung im wesentlichen die Physiognomie des Baumgrenzökotons. Die ökologische Bedeutung des Schnees liegt hier unter den herrschenden subpolaren Klimaverhältnissen im wesentlichen in seiner Schutzfunktion.

Der Gesamtcharakter dieses Baumgrenztyps ist weitgehend statischer Natur. Jungwuchs ist in der dichten Bodenvegetation der vorherrschenden Empetrum-Heiden nicht auszumachen. Die einzelnen Tischbirken, die einen Durchmesser bis zu 2 m haben, erwecken den Eindruck eines hohen Alters, der durch Jahresringzählungen bestätigt wird. Einzelne „Stämme“ haben ein Alter bis zu 120 Jahren. Eine Regeneration der Tischbirken-Klone, die z.T.

aufgrund blattmorphologischer Merkmale (vgl. Kap. 3.6.) *Betula pubescens* x *Betula nana*-Hybriden sind, erfolgt durch Stockausschlag.

6.2. DER STATISCH-STABILE BAUMGRENZTYP

In einigen Gebieten Nordfinnlands, z.B. im westlichen Utsjoki-Gebiet, wie auch in verschiedenen anderen Gebieten Skandinaviens ist ein Baumgrenztyp ausgebildet, der sich durch eine Reihe von Merkmalen deutlich von allen anderen Typen unterscheidet und an einem Beispiel aus dem Paddaskaidi-Gebiet/Utsjoki-Lappland dargestellt wird (Abb. 29a).

Auffallend ist zunächst der parklandschaftsartige Charakter dieses Baumgrenzökotons. Der Birkenwald, der in der Mehrzahl aus polykormen Bäumen besteht, löst sich bei allmählich ansteigendem Relief in oft weit auseinanderstehende Gruppen und Einzelbäume auf. Die Birken des Baumgrenzökotons, dessen obere Grenze etwa bei 330–350 m liegt, aber nur schwer zu ziehen ist, da einzelne Bäume in Geländevertiefungen z.T. weit über den Kernbereich des Baumgrenzökotons hinaufsteigen, sind fast ausschließlich

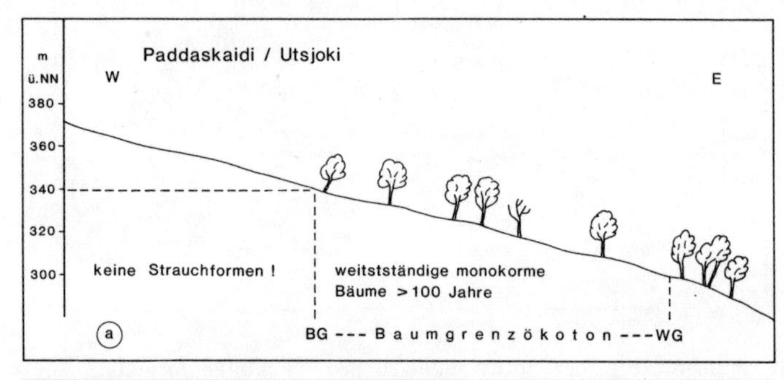

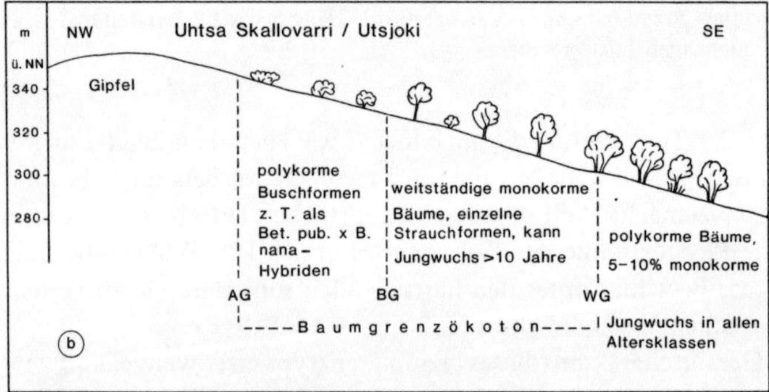

Abb. 29: Baumgrenztyp der monokormen und z.T. stark überalterten Birkenbestände in stabiler Baumgrenzlage, wie sie für weite Gebiete Nordfinnlands charakteristisch sind. a) Verteilung an einem langgestreckten Hang weit unterhalb des Berggipfels, b) Verteilung und Ausbildung unter dem Einfluß des sog. „Gipfelphänomens“. (Baumhöhen und Baumverteilung nicht maßstabgerecht).

monokorm mit zumeist obstbaumförmiger Krone. Die Höhe der ungestört aufrechtwachsenden Bäume erreicht 3–4 m. Es sind keinerlei Anzeichen zu erkennen, die auf irgendwelche den Baumwuchs beschränkende Einflüsse hinweisen.

Das große Alter dieser ausgereiften Baumgestalten wird sowohl am z.T. beträchtlichen Stammdurchmesser von > 25 cm als auch an vereinzelten abgestorbenen und gestürzten Bäumen sichtbar. Jahresringauszählungen ergaben ein Alter von über 100 Jahren mit einem Maximum in der Altersklasse 120–150 Jahre. Das völlige Fehlen jüngerer Baumgenerationen und nur das vereinzelte Vorkommen allerdings stark beeinträchtigten Jungwuchses (vgl. Kap. 5.4.) kennzeichnen diesen Baumgrenztyp als ausgesprochen statisch, der selbst unter dem Einfluß des Temperaturmaximums im Verlauf der säkularen Klimaschwankungen keinerlei dynamische Veränderungen aufweist. Da bei dem hohen Alter der Bäume auch die Fähigkeit zur Bildung von Stockausschlägen weitgehend reduziert ist, setzt eine Vergreisung dieses Baumgrenztypus ein. Nach dem Absterben der Bäume kommt es letztlich zu einer Depression der Baumgrenze.

In allen Baumgrenzgebieten, in denen es während des Klimaoptimums der Jahre 1930 – 1950 weder zu einem Baumgrenzanstieg noch zu einer Verdichtung bzw. Verjüngung des Baumgrenzökotons gekommen ist, handelt es sich zumeist um solche monokormen, überalterten Baumbestände.

Die Ursachen, die zur Entwicklung dieses Baumgrenztyps geführt haben, sind nur schwer auszumachen. Zur Erklärung dieses Phänomens bieten sich vorerst nur Hypothesen an:

– Die klimatischen Verhältnisse, die insbesondere im Wirkungszusammenhang von Temperatur und Feuchtigkeit gesehen werden müssen, sind seit mehr als 100 Jahren nicht wieder so günstig gewesen, daß eine Verjüngung erfolgen konnte.
– Die vorhandenen Baumbestände stellen überlebende Überreste früherer *Oporinia*-Katastrophen dar (vgl. Kap. 5.4.).
– Unter dem Beweidungsdruck der Rentiere konnte Jungwuchs nicht aufkommen. Diese Erklärungsmöglichkeit ist insbesondere für die letzten Jahrzehnte heranzuziehen, in denen der Rentierbestand in Nordfinnland erheblich zugenommen hat (vgl. Kap. 5.4.).

Der Baumgrenztyp der monokormen, alten Baumbestände repräsentiert also möglicherweise gar nicht die den aktuellen Klimaverhältnissen entsprechende Baumgrenzsituation, sondern hat die von vor über 100 Jahren konserviert und überliefert.

Eine Modifikation dieses Baumgrenztyps kann ebenfalls an einem Beispiel aus Nordfinnland dargestellt werden, ist aber auch in anderen Gebieten anzutreffen (Abb. 29b). Der wesentliche Unterschied zum vorgenannten Typ besteht darin, daß oberhalb der die eigentliche Baumgrenze bildenden monokormen, vereinzelt stehenden Bäume, noch Strauch- und Buschformen z.T. als *Betula pubescens* x *Betula nana*-Hybriden vorkommen.

Dieser Baumgrenztyp erklärt sich im wesentlichen aus der topographischen Situation und ist als Gipfelphänomen (vgl. Kap. 4.2.) zu bezeichnen. Während am Paddaskaidi (Abb. 29a) die Baumgrenze auf einem langgestreckten Hang in 340 m Höhe weit unterhalb des Gipfels liegt, überragt der Gipfel im zweiten Fall (Abb. 29b) mit 357 m die Baumgrenze nur unwesentlich. Aufgrund der allseitig großen Windexposition ist der gesamte Gipfelbereich relativ schneearm und baumwuchsfeindlich und ermöglicht lediglich Buschformen bis auf ca. 340 m vorzudringen, eine Höhe, die in geschützteren Lagen wie am Paddaskaidi von aufrechtwachsenden 2–4 m hohen Bäumen erreicht wird.

6.3. DER SCHNEEREICHE BAUMGRENZTYP

An den mehr oder weniger steilen Trogtalhängen im Bereich der Skanden ist die Baumgrenze in der Regel deutlich linienhaft ausgebildet, sofern nicht reliefbedingt Steinschlagrinnen, Sturm- und Lawinenbahnen Breschen schlagen.

Unter allmählicher Reduzierung der Baumhöhen und Auflichtung des vornehmlich von polykormen Wuchsformen gebildeten Birkenwaldes wird die Baumgrenze durch einen vergleichsweise geschlossenen Bestand gebildet, so daß eine sinnvolle Trennung zwischen Waldgrenze und Baumgrenze kaum möglich ist. Der Baumgrenzökoton ist daher von sehr geringer Ausdehnung, die jedoch an geringeren Hangneigungen oder differenzierteren Reliefverhältnissen der Hänge größer werden kann und dann auch deutlich aufgelockerte Baum- und Buschbestände hat.

Im Meiadalen (südl. Andalsnes) besteht bei einer Neigung von durchschnittlich 30° eine solche – gesteinsbedingte – Hangdifferenzierung (Abb. 30). Am SE-exponierten Hang steigen die höchsten Birkenvorkommen bis auf 1020–1030 m. Der Baumgrenzökoton erstreckt sich über 40–60 Vertikalmeter.

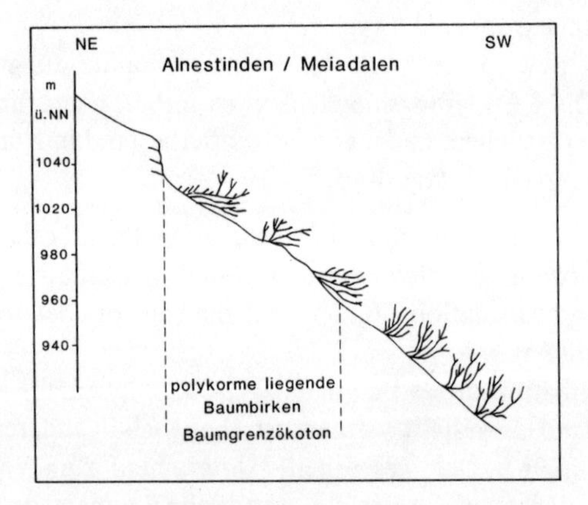

Abb. 30: Baumgrenztyp der steilen, schneereichen Trogtallandschaften der westlichen Skanden an einem Beispiel aus dem Meiadalen, südl. Andalsnes/Westnorwegen. (Baumverteilung und Baumhöhen nicht maßstabgerecht).

Charakteristisch für die schneereichen, unter maritimen Klimaeinfluß stehenden Westseiten der Skanden ist die starke Deformation der polykormen 2–3 m hohen Birkenbüsche. Sowohl durch die Last der z.T. > 2 m mächtigen Schneedecke als auch durch die Prozesse des Schneegleitens und Schneekriechens (vgl. Kap. 4.5.2.) kommt es zu mehr oder weniger liegenden Wuchsformen. Extrem liegende Wuchsformen kommen besonders an steilen Hangabschnitten und bei isoliert stehenden Baumgruppen vor. Mit zunehmender Bestandsdichte verstärkt sich die Tendenz des Aufrechtwachsens.

Durch Jahresringzählungen konnte am Standort Meiadalen das höchste Alter eines Stammes eines polykormen Birkenbusches auf 55 Jahre bestimmt werden, so daß die Vermutung naheliegt, daß es unter den Klimaverhältnissen des Temperaturmaximums der säkularen Klimaschwankung hier zu einem Baumgrenzanstieg gekommen ist. Da jedoch durch den Schneedruck die Stämme bei zunehmendem Alter und nachlassender Elastizität im Basisbereich häufig abgebrochen oder geknickt werden, erreichen sie in der Regel kein hohes Alter, so daß die im Baumgrenzökoton vorhandenen Buschgruppen durchaus schon alt sein können und sich unter den herrschenden Schneeverhältnissen durch Stockausschlag lediglich ständig regenerieren.

Der Schnee hat hier also weniger eine Schutzfunktion sondern vielmehr eine Streßfunktion, die in Verbindung mit den anderen, den Baumwuchs beeinflussenden Faktoren wesentlich die Physiognomie dieses Baumgrenztyps bestimmt.

6.4. DER DYNAMISCHE BAUMGRENZTYP

Durch das Zusammenwirken von Temperaturanstieg und Dauer der Schneebedeckung während der Optimalphase 1930–1950 der letzten Klimaschwankung ist es in vielen Gebieten Skandinaviens zu Baumgrenzanstiegen gekommen (vgl. Kap. 5.1., 5.2.). Solche Baumgrenzstandorte mit dynamischer Baumgrenzentwicklung unterscheiden sich deutlich von statischen, d.h. stabil gebliebenen Baumgrenzen.

Am SW-exponierten Hang der Hjerkinnhö/Dovrefjell liegt die Baumgrenze aufrecht wachsender Bäume, die weitständig diffus verteilt sind, bei ca. 1160 m (Abb. 31). Das Alter der teils monokormen, teils polykormen Birken liegt, bezogen auf 1980, zwischen 35 und 50 Jahren. D.h., der größte Teil von ihnen ist während des Temperaturmaximums zwischen 1930 bis 1950 aufgewachsen. Das trifft ebenfalls für die Buschformen, die z.T. *Betula pubescens* x *Betula nana*-Hybriden sind, zu und oberhalb der „Baumgrenze" noch bis ca. 1175 m aufsteigen. Birkenjungpflanzen mit einem Alter von maximal 10 Jahren, die im gesamtem Gebiet regelmäßig aber sehr vereinzelt vorkommen, zeigen auch die derzeit noch anhaltende Baumgrenzdynamik an. Allerdings bleibt abzuwarten, ob sich die Jungpflanzen zu Bäumen oder lediglich zu Strauchformen entwickeln können, wie in der Höhenstufe zwischen 1160–1175 m. Die den Baumgrenzanstieg und damit auch die Physiognomie

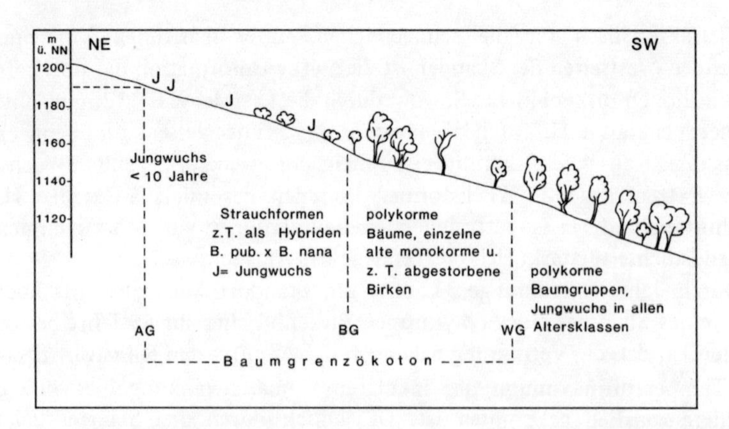

Abb. 31: Baumgrenztyp mit anhaltender dynamischer Baumgrenzentwicklung am Beispiel der Hjerkinnhö im Dovre-Gebiet. Junge Birkenpflanzen bilden die höchsten Vorkommen von Betula pubescens. (Baumverteilung und Baumhöhen nicht maßstabgerecht).

des Standorts bestimmenden Gunstfaktoren sind sowohl die strahlungsbegünstigte SW-Exposition als auch die offensichtlich günstigen Schneeverhältnisse. Die Schneemächtigkeit liegt nach den *Parmelia olivacea*-Grenzen zu schließen bei ca. 70–100 cm. Sie ist damit einerseits mächtig genug, um im Winter eine ausreichende Schutzfunktion auszuüben, andererseits ist sie aber nicht zu mächtig, um durch Schneedruck Schäden zu verursachen oder durch zu spätes Ausapern die Vegetationszeit entscheidend zu verkürzen.

7. ZUSAMMENFASSUNG

Die Baumgrenze in Skandinavien wird von der Birke gebildet und nimmt damit innerhalb der borealen Nadelwaldzone, in der sonst Baumgrenzen von Nadelhölzern herrschen, eine Sonderstellung ein.

Als Baumgrenze wird allgemein die gedachte Verbindunglinie der am weitesten höhen- oder polwärts reichenden Baumvorposten verstanden. Unter ökologischen und systemanalytischen Gesichtspunkten wird hier jedoch die Baumgrenze als der gesamte Übergangsbereich zwischen der Birkenwaldgrenze und den äußersten Individuen der Baumbirke, unabhängig von Größe und Wuchsform, definiert und als Baumgrenzökoton bezeichnet.

Wesentlicher begrenzender Faktor ist auch für die Birkenbaumgrenze die Temperatur. Als laubwerfende Baumart haben jedoch nur die Sommertemperaturen einen Einfluß, die Wintertemperaturen spielen im Gegensatz zu den immergrünen Nadelhölzern, die der Frosttrocknis ausgesetzt sind, als limitierender Faktor so gut wie keine Rolle. Die große Fähigkeit der Birke zur vegetativen Vermehrung durch Ausschlag- und Sproßbildung stellt eine hervorragende Anpassung an die klimatischen und standörtlichen Verhältnisse dar.

Als Verbreitungsgrenze kann für die Birke wie für die Nadelhölzer der borealen Zone die 10°-Juli-Isotherme als grober Richtwert angesehen werden, der regional jedoch vielfältig differenziert wird. Dazu tragen die geographische Breitenlage wie auch die Entfernung zum Meer bei und schaffen ein breites Spektrum zwischen maritimen und kontinentalen Klimaregimen, was sich in einer von Süd nach Nord abnehmenden und von West nach Ost zunehmenden Höhenlage der Baumgrenze niederschlägt.

Neben den regionalen Klimaverhältnissen bestimmen aber auch noch andere ökologische Faktoren, die sich als topographisch-orographische, edaphische, zoogene (biotische) und anthropogene Faktorenkomplexe zusammenfassen lassen, die Lage der Baumgrenze. Je nach Gebiet und Standort sind sie im einzelnen von unterschiedlicher Bedeutung für die Ausbildung des Baumgrenzökotons und stehen auch in unterschiedlich intensiven Wechselbeziehungen (Abb. 32). Im lokalen und standörtlichen Bereich spielt innerhalb des Ökosystems Baumgrenze der Schnee-Relief-Wind-Komplex eine für den Baumwuchs entscheidende Rolle und hat für die Ausprägung des Baumgrenzökotons eine in hohem Maße bioklimatische Bedeutung.

Obgleich in der Physiognomie und der gesamten Struktur des Baumgrenzökotons die ökologischen Gesamtwirkungen zum Ausdruck kommen, wobei die Wuchsform der Bäume ein wichtiger Indikator ist, sind darüberhinaus eingehendere Analysen zum tieferen Verständnis einzelner oder mehrerer Faktoren notwendig. Dieses Konzept wird in dieser Fallstudie in der Weise verfolgt, daß zur näherungsweisen Erfassung der vielfältigen Randbedingun-

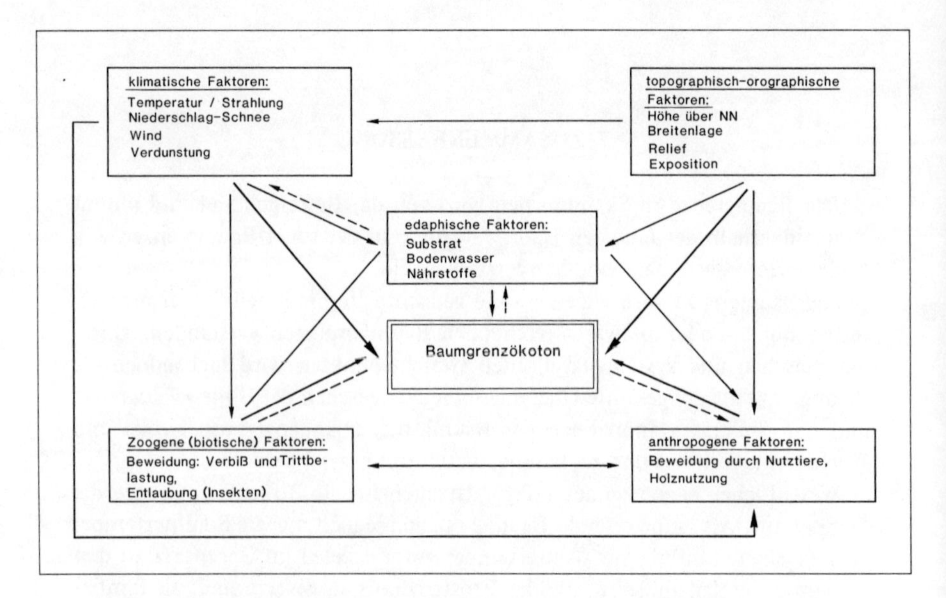

Abb. 32: Ökologische Faktorenkomplexe mit ausgewählten Einzelfaktoren, die die Lage und Physiognomie der Baumgrenze bzw. des Baumgrenzökotons mittelbar und unmittelbar beeinflussen. Die Pfeile kennzeichnen wechselseitige Verknüpfungen und Abhängigkeiten, die Stärke der Pfeile gibt die geschätzte gewichtete Bedeutung der Faktorengruppen innerhalb des Systems an.

gen beispielhafte Baumgrenzstandorte aus möglichst deutlich gegeneinander abzugrenzenden Regionen – im wesentlichen auf der klimatischen Grundlage und anhand der Reliefverhältnisse – gewählt werden. Neben der unmittelbaren Beobachtung im Gelände stellt die Dendroklimatologie auf der Grundlage der Dendrochronologie eine hervorragende Methode dar, die Beziehungen zwischen Baumwachstum an der Baumgrenze und ihren klimatischen Randbedingungen aufzuspüren.

Durch den Vergleich möglichst vieler in dieser Weise analysierter Standorte wird deutlich, daß die Veränderung einzelner ökologischer Faktoren unter den jeweiligen standörtlichen Gegebenheiten zu verschiedenen Reaktionen innerhalb des Baumgrenzökosystems führen und sich in einer durchaus unterschiedlichen Dynamik und Strukturveränderung auswirken. Am deutlichsten dokumentiert sich das unter dem Einfluß des Temperaturanstiegs während der säkularen Klimaschwankung dieses Jahrhunderts durch einerseits angestiegene und andererseits stabil gebliebene Baumgrenzen.

Jedes der in dieser Fallstudie dargestellte regionale oder lokale Beispiel zeichnet sich zunächst durch seine individuell strukturierte Ausprägung als Anpassung an die herrschenden ökologischen Randbedingungen aus. Unter Reduktion auf die wesentlichen ökologischen Einflüsse wird eine allgemeine modellhafte Kennzeichnung der Ökosystemzusammenhänge im Baumgrenzökoton erreicht, die schließlich eine Typisierung der Baumgrenzen nach ökologisch-physiognomischen Kriterien erlaubt.

8. LITERATURVERZEICHNIS

AAS, B. 1964: Björke- og barskoggrenser i Norge. – (Unpubl. thesis), Oslo.

AAS, B. 1969: Climatically raised birch lines in Southeastern Norway 1918–1968. – Norsk geogr. Tidsskr. 23: 119–130, Oslo.

AHLMANN, H.W.: son (Ed.) 1976: Norden i kart og tekst. – 1–116, Oslo (Cappelen).

AHTI, T. & HÄMET-AHTI, L. & JALAS, J. 1968: Vegetation zones and their sections in northwestern Europe. – Ann. Bot. Fenn., 5 (3): 169–211, Helsinki.

ARTMANN, A. 1949: Jahrringchronologische und klimatologische Untersuchungen an der Zirbe und anderen Baumarten des Hochgebirges. – Diss. Univ. München.

AULITZKY, H. 1961: Die Bodentemperaturen in der Kampfzone oberhalb der Waldgrenze und im alpinen Zirben-Lärchenwald. – Mittl. Forstl. Bundesversuchsanstalt Mariabrunn 59:153–208, Wien.

BENUM, P. 1958: The flora of Troms fylke. A floristic and phytogeographical survey of the vascular flora of Troms fylke in northern Norway. – Tromsö Mus.Skr. 6: 1–402, Tromsö.

BENDAT, H.S. & PIERSOL, A.G. 1971: Random data : analysis and measurement procedures. – 1–407, New York.

BERGAN, J. 1974: Varmeklimaet i forskellige höydesoner under björkeskoggrenser i Troms. – Medd. Norsk Inst. Skogforsning 31 (8): 332–353, As.

BLÜTHGEN, J. 1960: Der skandinavische Fjällbirkenwald als Landschaftsformation. – Peterm. Geogr. Mitt. 104: 119–144, Gotha.
Ausführliche und grundlegende Darstellung der regionalen Differenzierung des skandinavischen Birkenwaldes nach floristischen, pflanzensoziologischen und ökologischen Gesichtspunkten.

BLÜTHGEN, J. 1971: Die Dokumentation der Herbstfärbung und ihre floristisch-dynamische Differenzierung in Lappland. – Rep. Kevo Subarctic Res. Stat. 8: 12–21, Turku.

BÖHM, H. 1969: Die Waldgrenzen der Glocknergruppe. – Wissensch. Alpenvereinsheft 21: 133–167.

BROCKMANN – JEROSCH, H. 1919: Baumgrenze und Klimacharakter. – Pflanzengeogr. Komm. Schweiz. Naturforsch. Ges., Beiträge zur geobot. Landesaufnahme, 6: 1–255, Zürich.

ECKSTEIN, D. & SCHMIDT, B. 1974: Dendroklimatologische Untersuchungen an Stieleichen aus dem maritimen Klimagebiet Schleswig-Holsteins. – Angew. Botanik 48:371–383, Göttingen.

ELLENBERG, H. 1963: Vegetation Mitteleuropas mit den Alpen in kausaler, dynamischer und historischer Sicht. – 1–981, Stuttgart (Ulmer).

ERKAMO, U. 1978: Phytobiological consequences of climatic changes in Finland during recent decades. – Fennia 150:15–24, Helsinki.

FAEGRI, K. 1972: Geo-ökologische Probleme der Gebirge Skandinaviens. – In: Troll, C. (Hg.): Landschaftsökologie der Hochgebirge Eurasiens. – Erdwissenschaftl. Forsch. 4: 98–105, Wiesbaden.

FRIES, Th.C.E. 1913: Botanische Untersuchungen im nördlichsten Schweden. Ein Beitrag zur Kenntnis der alpinen und subalpinen Vegetation in Torne Lappmark. – Vetensk. Prakt. Unders. Lappland, 1–363, Uppsala, Stockholm.

FRITTS, H.C. 1963: Computer programms for tree-ring research. – Tree-Ring Bull. 25:2–7.

FRITTS, H.C. 1976: Tree rings and climate. – 1–545, London, New York, San Francisco (Academic Press.)

Standardwerk über Methoden der Dendrochronologie und Dendroklimatologie und deren Interpretationsmöglichkeiten für verschiedene Anwendungsbereiche.

GLÄSSER, E. 1978: Norwegen. – Wissensch. Länderkd. 14: 1–289, Darmstadt.

Landeskunde von Norwegen mit Schwergewicht im siedlungs- und wirtschaftsgeographischen Bereich.

GUNNARSSON, J.G. 1925: Monografi över Skandinaviens Betulae. – 1–36, Arlöv.

HÄMET-AHTI, L. 1963: Zonation of the mountain birch forests in northernmost Fennoscandia. – Ann. Bot. Soc. Zoolog. Bot. Fenn. „Vanamo“ 34 (4): 1–127, Helsinki.

HAFSTEN, U. 1981: An 8000 years old pine trunk from Dovre, South Norway. – Norsk geogr. Tidsskr. 35:161–165, Oslo.

HAUKIOJA, E. & HEINO, J. 1974: Birch consumption by reindeer (Rangifer tarandus) in Finnish Lapland. – Rep. Kevo Subarctic Res. Stat. 11: 22–25, Turku.

HEINO, E. 1978: Climatic changes in Finland during the last hundred years. – Fennia 150: 3–19, Helsinki.

HERMES, U. 1955: Die Lage der oberen Waldgrenze in den Gebirgen der Erde und ihr Abstand zur Schneegrenze. – Kölner Geogr. Arb. 5: 1–276, Köln.

Weltweite Darstellung der Höhenlage der Waldgrenze mit ausführlicher einleitender Diskussion der Waldgrenz-Definition.

HESSELBERG, Th. & BIRKELAND, B.J. 1940: Säkulare Schwankungen des Klimas von Norwegen. Die Lufttemperatur. – Geofys. Publ. 14 (4): 1–106, Oslo.

HESSELBERG, Th. & BIRKELAND, B.J. 1941: Säkulare Schwankungen des Klimas von Norwegen. Der Niederschlag. – Geofys. Publ. 14 (5): 1–65, Oslo.

HESSELBERG, Th. & BIRKELAND, B.J. 1956: The continuation of the secular variations of the climate of Norway 1940–1950. – Geofys. Publ., 15 (5): 1–40, Bergen.

HOEL, A. & WERENSKIOLD, W. 1962: Glaciers and snowfields in Norway. – Norsk Polarinstitutt Skrifter 114: 1–291, Oslo.

HOLTEDAHL, O. 1960: Geology of Norway. – Norges Geologiske Unders. 208:1–540, Oslo.

HOLTMEIER, F.K. 1967: Die Waldgrenze im Oberengadin in ihrer physiognomischen und ökologischen Differenzierung. – Diss. Bonn.

HOLTMEIER, F.K. 1971: Waldgrenzstudien im nördlichen Finnisch-Lappland und angrenzendem Nordnorwegen. – Rep. Kevo Subarctic Res. Stat. 8:53–62, Turku.

HOLTMEIER, F.K. 1974: Geoökologische Beobachtungen und Studien an der subarktischen und alpinen Waldgrenze in vergleichender Sicht. – Erdwissensch. Forschung 8: 1–130, Wiesbaden.

Wichtige Arbeit, die die Waldgrenzen der Alpen und Nordskandinaviens und ihre verschiedenen geoökologischen Randbedingungen vergleichend darstellt.

HOLTMEIER, F.K. 1979: Die polare Waldgrenze (Forest-tundra-ecotone) in geoökologischer Sicht. – Trierer Geogr. Studien, Sonderh. 2: 230–246, Trier.

HUSTICH, I. 1937: Pflanzengeographische Studien im Gebiet der niederen Fjelde im westlichen Finnischen Lappland. I. Über die Beziehungen der Flora zu Standort und Höhenlage in der alpinen Region sowie über das Problem „Fjellpflanzen in der Nadelwaldregion“. – Acta Bot. Fenn. 19: 1–156, Helsingfors.

HUSTICH, I. 1948: The Scotch Pine in northernmost Finland and its dependece on the climate in the last decades. – Acta Bot. Fenn. 42: 1–75, Helsingfors.

HUSTICH, I. 1953: The boreal limits of conifers. – Arctic 6 (2): 149–162, Montreal.

HUSTICH, I. 1958: On the recent expansion of scotch pine in northern Europe. – Fennia 82 (3): 1–25, Helsinki.

HUSTICH, I. 1966: On the forest-tundra and the northern tree-lines. – Rep. Kevo. Subarctic Res.Stat. 3: 7–47, Turku.

HUSTICH, I. [2]1974: Die Pflanzengeographischen Regionen. – In: SÖMME, A. (Hg.): Die Nordischen Länder. – 64–70, Braunschweig.

HUSTICH, I. 1978: A change in attitudes regarding the importance of climatic fluctuations. – Fennia 150:59–65, Helsinki.

HUSTICH, I. 1979: Ecological concepts and biogeographical zonation in the North: the need for a generally accepted terminology. – Holarctic Ecology 2: 208–217, Copenhagen.

IBM – Application Programm, System 360 Scientific Subroutine Package, Version III, Programmers Manual, Fifth Edition, 1–454, 1970.

JOHANNESSEN, T.W. 1970: The climate of Scandinavia. – In: WALLEN, C.C. (Ed.): Climates of norhtern and western Europe. – World survey of climatology, 5: 23–79, Amsterdam, London, New York.

KÄRENLAMPI, L. 1972a: Comparisons between the microclimates of the Kevo ecosystem study sites and the Kevo Meteorological Station. – Rep. Kevo Subarctic Res. Stat. 9: 50–65, Turku.

KÄRENLAMPI, L. 1972b: On the relationships of the Scots pine annual ring width and some climatic variables at Kevo Subarctic Station. – Rep. Kevo Subarctic Res.Stat. 9:78–81, Turku.

KALELA, A. 1958: Über die Waldvegetationszonen Finnlands. – Bot. Notiser 111: 353–368.

KALLIO, P. & LEHTONEN, J. 1973: Birch forest damage caused by Oporinia autumnata (Bkh.) in 1965–66 in Utsjoki, N-Finnland.– Rep. Kevo Subarctic Res. Stat. 10: 55–69, Turku.

KALLIO, P. & MÄKINEN, Y. 1978: Vascular flora of Inari Lapland. 4. Betulaceae. – Rep. Kevo Subarctic Res. Stat. 14: 38–63, Turku.

KALLIO, P., NIEMI, S., SULKINOJA, M. & VALANNE, T. 1982: The fennoscandian birch and its evolution in the marginal forest zone. – (in print).

KIHLMANN, A. O. 1980: Pflanzenbiologische Studien aus Russisch Lappland. Ein Beitrag zur Kenntnis der regionalen Gliederung an der polaren Waldgrenze. – Acta Soc. Fauna et Flora Fennica 6 (3): 1–263, Helsingfors.

KNABEN, G. 1950: Botanical investigations in the middle destricts of Western Norway. – Univ. Bergen Arbok 1950, Natvit. rekke 8: 1–117, Bergen.

KÖPPEN, W. 1931: Grundriß der Klimakunde. 1–388, Berlin, Leipzig.

KRAVTSOVA, V. 1972: Map of snow depth in Norway. – Norsk geogr. Tidsskr. 26: 17–26, Oslo.

KULLMAN, L. 1979: Change and stability in the altitude of the birch tree limit in the southern Swedish Scandes 1915–1975. – Acta Phytogeogr., Suecica 65: 1–121, Uppsala.
Eine Regionalstudie, die die verschiedenen ökologischen Einflüsse und ihre Auswirkungen auf die Dynamik der Birkenbaumgrenze im Gebiet der schwedischen Provinzen Jämtland und Härjedalen untersucht.

KULLMAN, L. 1981: Some aspects of the ecology of the Scandinavian subalpine birch forest belt. – Wahlbergia 7: 99–112, Umea.

LAUSCHER, A., & LAUSCHER, F., & PRINTZ, H. 1955: Die Phänologie Norwegens. – Oslo.

LEDEBOUR, C.F. von 1849: Flora Rossica sive enumeratio plantarum in totis imperii Rossici. III. 1–866, Stuttgartiae.

LID, J. 1963: Norsk og svensk flora. – 1–800, Oslo.

LINDQUIST, B. 1945: Betula callosa Notö, a neglected species in the Scandinavian subalpine forests. – Sv. Bot. Tidsk. 39: 161–186.

LJUNGER, E. 1944: Massupphöjningens betydelse för höjdgränser i Skanderna och Alperna. – Geographica 15: 119–146.

LÖVE, D. 1970: Subarctic and subalpine: Where and what? – Arctic and Alpine Res. 2 (1): 63–73, Boulder, Colorado.

MIKOLA, P. 1942: Über die Ausschlagbildung bei der Birke und ihre forstliche Bedeutung. (Finnisch, Dt. Referat). – Acta Forest. Fenn. 50: 1–102, Helsinki.

MIKOLA, P. 1952: The effect of recent climatic variations on forestgrowth in Finland. – Fennia 75: 69–76, Helsinki.

MIKOLA, P. 1978: Consequences of climatic fluctuation in forestry. – Fennia 150: 39–43, Helsinki.

MORGENTHALER, H. 1915: Beiträge zur Kenntnis des Formenkreises der Sammelart Betula alba L. mit variationsstatistischer Analyse der Phaenotypen. – Vierteljahresschr. Naturf. Ges. Zürich 60: 1–133, Zürich.

MORK, E. 1944: Om björkefruktens bygning, modning og spiring. – Medd. Norske Skogforsöksv. 30: 423–471, Oslo.

MORK, E. 1968: Ökologiske undersökelser i fjellskogen i Hirkjölen forsöksomrade. – Norske Skogförsöksv. 25 (7): 463–614, Vollebekk.

MORK, E. & HEIBERG, H.H.H. 1937: Om vegetasjonen i Hirkjölen forsöksomrade. – Medd. Norske Skogforsöksv. 5: 617–668, Vollebekk.

MÜLLER, H.-M. 1977: Phänologisch-geländeklimatologische Untersuchungen in Schwedisch-Lappland. – Erdkunde 31: 178–192, Bonn.

NIEMELÄ, P. 1979: Topographical delimination of Oporinia-Damages: Experimental evidence of the effect of winter temperatur. – Rep. Kevo Subarctiv Res. Stat. 15: 33–36, Turku.

NORDHAGEN, R. 1928: Die Vegetation und Flora des Sylenegebietes. Eine pflanzensoziologische Monographie. I. Die Vegetation. – Skr. Norske Vidensk. Akad., I. Mat.-naturv.kl. 1927, 1: 1–612, Oslo.

NORDHAGEN, R. 1943: Sikilsdalen og norges fjellbeiter. En plantesosiologisk monografi. – Bergens Museum Skrifter 22: 1–607, Bergen.

NUORTEVA, P. 1963: The influece of Oporinia autumnata (Bkh.) (Lep., Geometridae) on the timberline in subarctic conditions. – Ann. Ent. Fenn. 29: 270–277, Helsinki.

ORDING, A. 1941: Arringanalyser pa gran og furu. – Medd. Norske Skogförsöksv. 7 (25): 105–354, Oslo.

PHILIP, M. 1978: Vegetation of a snow bed at Godhawn, West Greenland. – Holarct. Ecol. 1: 46–53, Copenhagen.

RENVALL, A. 1912: Die periodischen Erscheinungen der Reproduktion der Kiefer an der polaren Waldgrenze. – Acta Forest. Fenn. 1 (2): 1–154, Helsinki.

RESVOLL-HOLMSEN, H. 1918: Fra fjellskogene i det östenfjeldske Norge. – Tidskr. Skogbruk 26: 107–223.

RITSCHIE, J. C. & HARE, F. K. 1971: Late- quaternary vegetation and climate near the arctic tree line of Northwestern North America. – Quaternary Research 1 (3): 331–342.

RUDLOFF, H. von 1967: Die Schwankungen und Pendelungen des Klimas in Europa seit dem Beginn der regelmäßigen Instrumenten-Beobachtungen (1670). – 1–270, Braunschweig.

Zusammenfassende Darstellung der Klimaschwankungen auf klimatologisch-statistischer Grundlage unter Berücksichtigung der Hauptklimaelemente. Ein Buch mit dem Charakter eines Nachschlagewerks.

SACHS, L. [3]1971: Statistische Auswertungsmethoden. – 1–545, Berlin, Heidelberg, New York.

SARVAS, R. 1970: Temperature sum as a restricting factor in the development of forest in the subarctic. – In: UNESCO (Ed.): Ecology and Conservation. Ecology of the subarctic regions. – UNESCO-Symposium, Helsinki 1966: 79–82, Paris.

SCHÖNWIESE, C.D. 1978: Zum aktuellen Stand rezenter Klimaschwankungen. – Meteorol. Rdsch. 31– 73–84, Berlin, Stuttgart.

SERNANDER, R. 1900: Studier över den sydnerkiska barskogens utvecklingshistoria. – Geol. Fören. Förhandl. 22: 486–487, Stockholm.

STÖRS, H. 1963: Amphi-atlantic zonation, nemorial to arctic. – In: Löve, A., & Löve, D. (Ed.): North Atlantic Biota and their history, 109–125, Oxford.

SJÖRS, H. 1965: Features of land and climate. In: The plant cover in Sweden. – Acta Phytogeographica Suecica 50: 1–11, Uppsala.

SJÖRS, H. 1976: Vegetasjon. – In: AHLMANN, H.W.: son (Hg.): Norden i kart og tekst. – 30–31, Oslo.

SLASTAD, T. 1957: Arringundersökelser i Gudbrandsdalen. – Medd. Norske Skogforsöksv. 14:571–620, Vollebekk.

SÖMME, A. (Hg.) [2] 1974): Die Nordischen Länder. – 1–369, Braunschweig.

SONESSON, M. & HOOGESTEGER, J. 1982: Recent tree-line dynamics (Betula pubescens f. tortuosa) in northern Sweden. – (Manuskr.).

SPSS-Programmversion 8, 1980: Statistik-Programmsystem für die Sozialwissenschaften. Stuttgart, New York.

SULKINOJA, M. 1981: Lapin koivulajien muuntelusta ja risteytymisestä (mit engl. Summary). – Lapin tutkim. Vuosikirja 22: 22–30.

SVEINBJÖRNSON, B. 1982: Field photosynthesis and respiration of mountain birch at the altitudinal tree line and at the forest limit in N-Sweden. II. – (in print).

SCHARFETTER, R. 1938: Pflanzengesellschaften der Ostalpen. – Wien.

SCHRÖTER, C. 1908: Das Pflanzenleben der Alpen. – Zürich.

TENGWALL, R.A. 1920: Die Vegetation des Sarekgebietes I. Naturwissenschaftliche Untersuchungen des Sarekgebietes in Schwedisch-Lappland. – Acta Phytogeogr. Suecica 4: 269–436, Stockholm.

TENOW, O. 1972: The outbreaks of Oporinia autumnata Bkh. and Operophthera spp. (Lep., Geometridae) in the Scandinavian mountain chain and northern Finland 1862-1968. – Zool. Bidr. fr. Uppsala, Suppl. 2: 1–107, Stockholm.

THANNHEISER, D. 1975: Vegetationsgeographische Untersuchungen auf der Finnmarksvidda im Gebiet von Masi. – Westf. Geogr. Studien 31: 1–178, Münster.

THANNHEISER, D. 1977: Subarctic birch forests in Norwegian Lapland. – Naturaliste can. 104: 151–156.

THANNHEISER, D. & TREUDE, E. 1981: Masi (Nordnorwegen). Jüngere Strukturwandlungen in einem lappischen Dorf. – In: BUTZIN, B. (hrsg.): Entwicklungs- und Planungsprobleme in Nordeuropa. – Münstersche Geogr. Arb. 12: 137–147, Paderborn.

TOLLAN, J. 1937: Skoggrenser pa Nordmöre. – Medd. Vestlandets Forstl. Forsöksstr. Nr. 20, 6 (2): 1–143, Bergen.

TRANQUILLINI, W. 1979: Physiological Ecology of the Alpine Timberline. (Tree Existence at high altitudes with special reference to the European Alps.). – Ecological Studies, 31: 1–137, Berlin-Heidelberg-New York (Springer Verlag).
Dieses Buch präsentiert in zusammenfassender Darstellung den derzeitigen Stand der physiologisch-ökologischen Forschungen an Nadelhölzern der alpinen Wald- und Baumgrenzen.

TRETER, U. 1974: Ökologische Standortsdifferenzierungen auf der Basis von Jahrringanalysen im Baumgrenzbereich Zentralnorwegens. – Tagungsber. wiss. Abh. Dt. Geographentag Kassel 1973: 492–507, Wiesbaden.

TRETER, U. 1981: Zum Wasserhaushalt schleswig-holsteinischer Seengebiete. – Berliner Geogr. Abh. 33: 1–164, Berlin.

TRETER, U. 1982: Fluktuation der Birkenbaumgrenze in Skandinavien. – In: DIERSCHKE, H. (Hg.): Struktur und Dynamik von Wäldern. – Ber. Int. Symp. Int. Vereinigung f. Vegetationskd., Rinteln 1981, 417–431, Vaduz.

TRETER, U. 1983: Die regionale Differenzierung des durchschnittlichen Jahreszuwachses von Betula pubenscens im Baumgrenzbereich Skandinaviens. – (Unpubl. Manuskr.).

TROLL, C. & PAFFEN, K.H. 1964: Karte der Jahreszeitenklimate der Erde. – Erdkunde 18 (1): 5–28, Bonn.

VAARAMA, A. & VALANNE, T. 1973: On the taxonomy, biology and origin of Betula tortuosa Ledeb. – Rep. Kevo Subarctic Res. Stat. 10: 70–84, Turku.

VE, S. 1930: Skogtraernes forekomst og hoidegrenser i Ardal. Plantegeografiske og bygdehistoriske studier. – Medd. Vestlandets Forstl. Forsöksst. Nr. 13, 4 (3): 1–94, Bergen.

VE, S. 1940: Skog og treslag i Indre Sogn fra Laerdal til Fillefjell. – Medd. Vestl. Forstl. Forsöksstr. Nr. 23, 7 (1): 1–224, Bergen.

WAHLENBERG, G. 1812: Flora Lapponica. – Berlin.

WALLEN, C.C. [2]1974: Das Klima. – In: SÖMME, A. (Hg.): Die Nordischen Länder. – 52–63, Braunschweig.

WALTER, H. 1968: Die Vegetation der Erde. Bd. II: Die gemäßigten und arktischen Zonen. – 1–1001, Stuttgart.
Wichtiges Standardwerk, mit reichhaltigen Informationen u.a. auch über die in dieser Fallstudie behandelten Klima- und Vegetationszonen.

WALTER, H. 1973: Vegetationszonen und Klima. – UTB 14: 1–253, Stuttgart.

WALTER, H. 1976: Die ökologischen Systeme der Kontinente (Biogeosphäre). – 1:131, Stuttgart, New York.

WALTER, H. & LIETH, H. 1967: Klimadiagramm-Weltatlas. – Jena.

WARDLE, P. 1965: A comparison of alpine timber lines in New Zealand and North America. – N.Z.J.Bot. 6 (2): 113–135, Wellington.

WARDLE, P. 1974: Alpine timberlines. – In: IVES, J.D. & BARRY, R.G. (Ed.): Arctic and alpine environments. – 371–402, London.

WILHELM, Fr. 1975: Schnee- und Gletscherkunde. – 1–434, Berlin, New York.
Lehrbuch der Allgemeinen Geographie aus der Obst-Reihe.

WISTRAND, G. 1962: Studier i Pite Lappmarks kärlväxtflora. – Acta Phytogeogr. Suecica 45: 1–206, Uppsala.

ZILLBACH, K. 1981: Standortsdifferenzierungen im Übergangsbereich Fjellbirkenwald zu regio alpina in Südnorwegen. – Die Erde 112: 103–114, Berlin.

ZOLLER, H. 1956: Die natürliche Großgliederung der fennoskandinavischen Vegetation und Flora. – Ber. Geobot. Inst. Rübel Zürich für 1955: 74–97, Zürich.

REGISTER